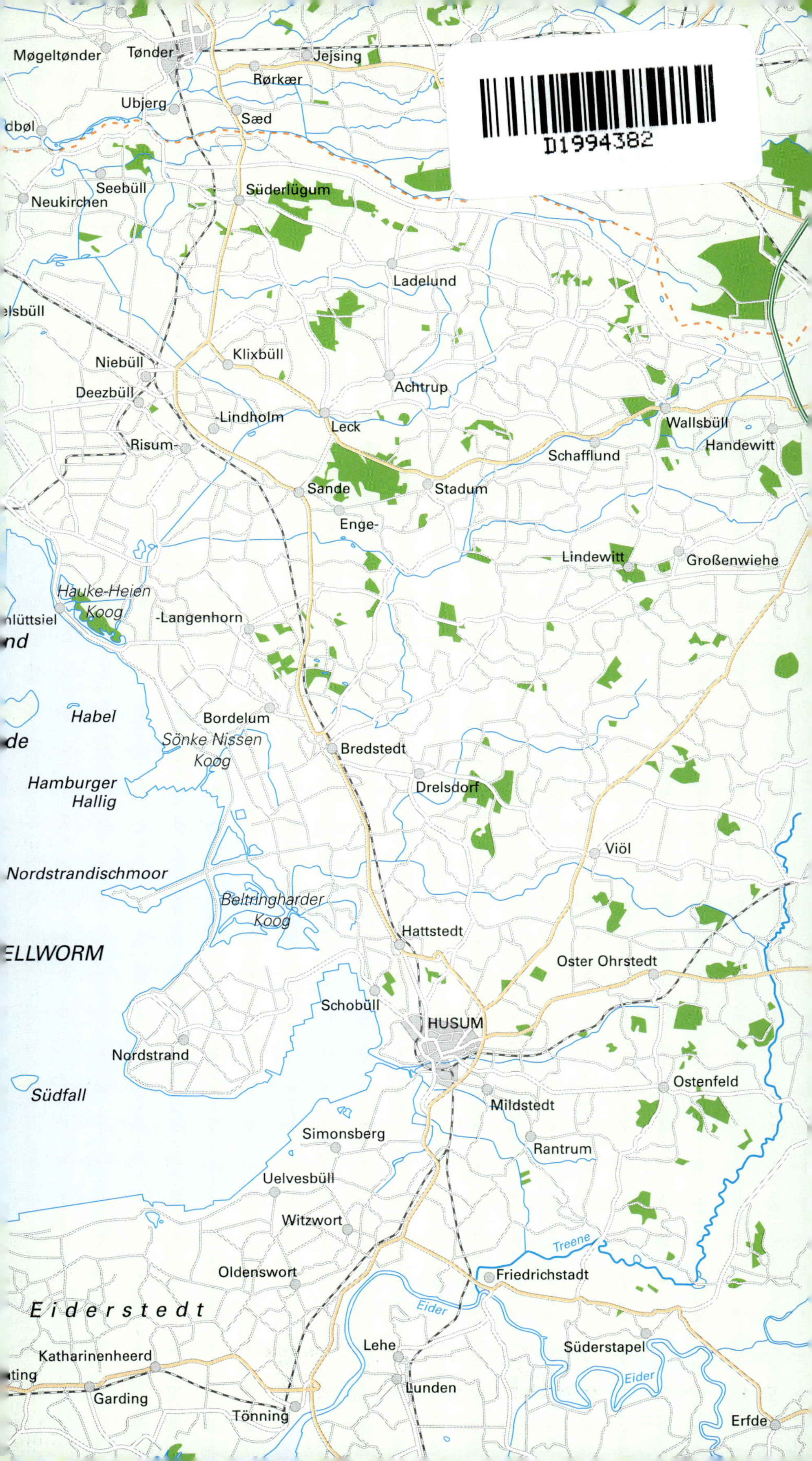

Møgeltønder
Tønder
Jejsing
Rørkær
Ubjerg
Sæd
dbøl
Seebüll
Neukirchen
Süderlügum
Ladelund
elsbüll
Niebüll
Klixbüll
Achtrup
Deezbüll
-Lindholm
Leck
Wallsbüll
Handewitt
Risum-
Schafflund
Sande
Stadum
Enge-
Lindewitt
Großenwiehe
Hauke-Heien
Koog
hlüttsiel
nd
-Langenhorn
Habel
Bordelum
de
Sönke Nissen
Koog
Bredstedt
Hamburger
Hallig
Drelsdorf
Viöl
Nordstrandischmoor
Beltringharder
Koog
Hattstedt
ELLWORM
Oster Ohrstedt
Schobüll
HUSUM
Nordstrand
Südfall
Ostenfeld
Mildstedt
Simonsberg
Rantrum
Uelvesbüll
Witzwort
Treene
Oldenswort
Friedrichstadt
Eider
Eiderstedt
Lehe
Süderstapel
Katharinenheerd
ting
Eider
Garding
Lunden
Tönning
Erfde

Valdemar Kappel

Auf Entdeckungstour
im Marschenland
von Friedrichstadt bis Ripen

Ein Natur- und Kulturführer

Husum

Die Deutsche Bibliothek - CIP Einheitsaufnahme

Ein Titeldatensatz für diese Publikation ist bei
Der Deutschen Bibliothek erhältlich

Redaktion: Søren Olsen
Übersetzung: Bernd Kretschmer
Layout: Ivan Jacobsen
Umschlag: Ivan Jacobsen
Fotos: Valdemar Kappel und Ivan Jacobsen
Druck: Nørhaven Book A/S, Viborg, Danmark

Ins Deutsche übersetzt von:
„Oplev marsklandet – fra Friedrichstadt til Ribe“
© Forlaget Hovedland, Danmark, 2001

Erstausgabe, 2. Auflage

Printed in Denmark 2001

ISBN: 3-88042-999-5

Vorwort

Das Marschenland von der Halbinsel Eiderstedt mit Husum und Friedrichstadt im Süden bis zur Region um Ripen/Ribe im Norden ist hinsichtlich Natur wie auch Kultur eine erstaunliche Landschaft.

Das vorliegende Buch bietet eine Beschreibung von Natur und Kultur von der Eider im Süden bis in die Gegend um die Königsau/Kongeå im Norden, von den Wattenmeerinseln im Westen bis zum Geestrand im Osten. Erwähnt werden auch einige Abstecher außerhalb der Hauptgebiete, die das Buch behandelt.

Halb deutsch, halb dänisch – eine Region mit Tradition und von besonderer kultureller Eigenart. Ein Grenzland, dessen Geschichte voll von Sturmfluten und Kriegen ist. Auf jeder Seite der politischen Grenze nationale Minderheiten mit eigenen Schulen und Bürgerhäusern, was das Kulturleben sehr lebhaft macht.

Und dann befindet man sich in einer der einzigartigsten Naturregionen der Welt. Hier, zwischen Land und Meer, liegen Watt und Marsch. Eine Region, die sich in ständigem Wandel befindet, wo jahrtausendelang Menschen in ständiger Angst vor den fürchterlichen Sturmfluten lebten und starben. Wo aber auch fleißige Marschbauern dem Meer Land abgetrotzt haben, indem sie Rinnen gruben und Lahnungen aufstellten, um die Bildung von Marschland zu fördern. Jahrhundertelang bauten sie Deiche, Kanäle und Schleusen, denn auf dem fettigen, lehmigen Boden gedeiht grünes, saftiges und nährstoffreiches Gras.

Das Wattenmeer und die Marsch verdanken ihre Entstehung den Gezeiten. Zweimal innerhalb von vierundzwanzig Stunden wird das Watt vom Meer überspült, das der großen Speisekammer Nährstoffe zuführt. Hier wird gefressen und sich vermehrt, hier gibt es Wachstum.

Die Grenze drückt der Region ihren Stempel auf. Man muss gar nicht weit von der Grenze nach Norden, um zu sehen, dass es hier anders ist. Die Marsch ist breit, hier gibt es typische Friesenhöfe, vernünftig angelegt auf den so genannten Warften.

Das Buch enthält einleitend Kapitel über die historischen, kulturellen und nicht zuletzt natürlichen Gegebenheiten im Marschenland. Danach folgt eine Beschreibung der typischen Landschaft, von Friedrichstadt an der Eider bis zur Region Ripen.

Im Anhang finden sich neben einem Verzeichnis mit Erklärungen der unvermeidlichen Fachausdrücke weitere nützliche Informationen.

Inhalt

BEVÖLKERUNG

Auf den deutschen Schildern hier in dieser Region steht Kreis Nordfriesland. Was das aber eigentlich heißt, ist gar nicht so einfach zu definieren.

Bis 1970 verstand man unter Nordfriesland die Küstengebiete, d. h. den Geestrand, das Marschenland und die Inseln im Wattenmeer: von einer südlichen Grenze an der Eider bis etwa zu einer Grenze im Norden um die Wiedau/Vidå. In früheren Zeiten zählte man zu Friesland auch die Insel Helgoland, die heute zum Kreis Pinneberg gehört.

Seit 1970 gilt die Bezeichnung Nordfriesland für die alten Kreise Südtondern, Husum und Eiderstedt. Andere definieren Nordfriesland als die Region von Ostfriesland bis zur Ho Bucht. Ostfriesland liegt im Südwesten von Nordfriesland, und Westfriesland südwestlich davon, in Holland.

Wenn wir nach Norden bis zur Ho Bucht gehen, so gibt es in dem nordfriesischen Wattenmeer neun Inseln und zehn Halligen, so werden nicht eingedeichte Inseln im Wattenmeer bezeichnet.

Eines der ältesten Zeugnisse menschlicher Aktivitäten in Nordfriesland ist rund 11000 Jahre alt. Es handelt sich um Spuren einer Rentierjäger-Siedlung westlich von Scherrebek/Skærbæk. Auf den „Hügelinseln" auf Amrum, Föhr und Sylt fand man Spuren von Menschen aus der Älteren und Jüngeren Steinzeit und aus der Bronzezeit.

1

2

3

1 Marsch – eine Warftsiedlung
2 Kanal
3 Deich – Marsch – Schafe

Die Beschreibung des Plinius

Eine Beschreibung der Bewohner der Marschgebiete findet sich sowohl bei Plinius d. Ä. (23–79 n. Chr.) als auch bei Tacitus (55–120 n. Chr.). In seiner „Naturgeschichte" liefert Plinius einen anschaulichen Bericht über das Land der Chauken, vermutlich die Marschregionen auf beiden Seiten der Elbe bis hinauf nach Südschleswig. Wenn es sich um einen authentischen Bericht, d. h. die Beschreibung eines eigenen Erlebnisses von Plinius handelt, so hat er sich darauf konzentriert, eine armselige Gegend zu beschreiben, wobei er nicht versteht, wie man es mit Stolz bewahren will. Hier sind Warften beschrieben, eine Art Fething (künstlicher Teich) und Torfmulden.

„Zweimal innerhalb von vierundzwanzig Stunden, am Tag und in der

Nacht, ergießt sich dort der Ozean in einem gewaltigen Strom über ein ungeheures Gebiet und bedeckt es in wechselndem Ringen, sodass man nicht weiß, ob es zum Land oder zum Meer gehört. Hier lebt ein armseliges Volk, dessen Hütten auf hohen Hügeln gebaut sind, die Rednerpulten ähneln; die Hügel sind von Menschenhand angelegt und so hoch, dass sie auch über den höchsten Wasserstand hinausragen. Wenn die Wogen das umliegende Land bedecken, sieht es aus, als ob die Bewohner segeln würden; wenn die Wellen zurückgegangen sind, gleichen sie Schiffbrüchigen. Von den Hütten aus gehen sie auf Fischfang auf die Fische, die dem Meer bei dessen Vorrücken und Zurückweichen folgen. Sich Vieh zu halten, ist diesen Menschen nicht vergönnt, und sie können sich daher nicht wie ihre Nachbarn im Landesinneren mit Milch ernähren. Ja, nicht einmal wilde Tiere können sie jagen, da es dort nicht einmal einen Busch für sie als Lebensraum gibt. Das Garn für ihre Fischernetze flechten die Bewohner aus Strandhafer und Binsen."

Man geht davon aus, dass die Friesen um 800 n. Chr. aus dem Süden einwanderten. Allerdings ist man sich nicht darüber im Klaren, ob es sich dabei um eine wiederholte Einwanderung oder um eine erstmalige Immigration handelte. In einem der Jahrbücher des deutschen Klosters Fulda findet sich ein Hinweis aus dem Jahre 857: „Prinz Rerik aus Dorestad zog mit seinen Genossen nach Norden und erhielt vom dänischen König Horik das Land, das zwischen der Eider und dem Meer lag, zum Lehen."

Die ersten Friesen ließen sich, was ganz natürlich war, am Geestrand nieder. Hier war man sicher vor dem Meer, konnte das höher gelegene Ackerland bebauen und die fruchtbaren Marschwiesen als Weideflächen und zur Heugewinnung nutzen.

Die Warft-Friesen

Die nächsten Einwanderer mussten sich mit den unsicheren Marschgebieten begnügen. Diese Einwanderer bezeichnet man als Warft-Friesen, da sie eine Technik beherrschten, mittels der sie in einem gefahrvollen Land überleben konnten. Sie konnten Deiche bauen und errichteten ihre Häuser auf künstlichen, von ihnen selbst angelegten Hügeln – den Warften.

Auf der Warft legte man einen künstlichen See an, einen Fething, in dem Süßwasser für die Trinkwasserversorgung gesammelt wurde. Die höher gelegene Marsch wurde mit einem Sommerdeich gesichert, wohingegen die großen Winterdeiche, die Seedeiche, die Schutz gegen Sturmfluten boten, erst mehrere hundert Jahre später entstanden.

2

Im Winter muss es einen ganz besonderbaren Anblick geboten haben. Eine flache Landschaft mit verstreut liegenden Höfen auf Warften. Hunderte von kleinen Inseln in einem unendlichen Meer. Heute ist es weit sicherer, hier zu leben; die Landwirtschaft ist nicht mehr das dominierende Gewerbe, dessen Rolle der Tourismus zunehmend übernimmt, aber die Geschichte im Marschenland ist weiterhin lebendig.

Die Minderheiten heute

Auch wenn die deutsch-dänische Grenze 1920 so demokratisch wie möglich gezogen wurde, waren nicht alle auf der dänischen Seite zufrieden. Heute haben dänischgesinnte Südschleswiger (rund 60.000) wie auch deutschgesinnte Nordschleswiger (etwa 20.000) die Möglichkeit, ihre eigenen Kirchen, Schulen und Kindergärten zu besuchen.

3

1 Schafe

2 die Königsau/Kongeå

3 Wattenmeer

Hans Christian Andersen und Nordfriesland

Viele halten den 1848 erschienenen Roman „Die zwei Baronessen" von Hans Christian Andersen für einen seiner besten. Der Grund für diese Meinung ist u. a. seine Wahl der Schauplätze; so ist z. B. die Hallig Oland Schauplatz großer Teile des Buches. Meisterlich schildert Hans Christian Andersen die besondere Natur und Kultur der Hallig und vermittelt mit wachen Sinnen und sublimer Sprache dem Leser Gefühl und Atmosphäre.

Vom 28. August bis zum 9. September 1844 war Hans Christian Andersen Gast des dänischen Königspaares auf Föhr und Oland. In seinen Tagebuchnotizen schreibt er u. a.:

„Ich lief bis zum Ende der Insel, wo das Meer bei der letzten Sturmflut ganze Stücke weggerissen hatte, hier war eine flache Böschung, verrottete Särge ragten heraus, ringsum menschliche Knochen, Schädelknochen, alles, was sich löst, wird eingesammelt und weiter im Landesinneren begraben, bis das Meer wieder dorthin gelangt ... Die ganze Insel sieht aus wie ein englischer Park, es gibt nur eine Art Gras."

BAUWEISE

Wenn man klug ist, baut man entsprechend der vorgegebenen natürlichen Verhältnisse, unter denen man leben muss. Während der Sturmfluten der Jahre 1976 und 1981 fielen eine Reihe moderner Einfamilienhäuser an der Westküste aufgrund ihrer falschen Konstruktion und ihrer ungünstigen Lage dem Meer zum Opfer.

Die alten Häuser in der Marsch sind der sich launisch zeigenden Region angepasst. Trotzdem können auch sie in Katastrophensituationen zerstört werden, aber unglaublich viele stehen noch, dank ihrer vernünftigen Lage und ihrer klugen Konstruktion. Man sieht sie in der Tonderner Marsch/Tøndermarsch, aber besonders deutlich in den Kögen südlich der Grenze.

Die ersten Besiedlungen lagen am Rande der Geest, in guter Lage, mit sandigen Ackerböden im Osten und fruchtbaren Marschwiesen im Westen. Diese typische Reihe von Gehöften ist dort zu sehen, wo Geest und Marsch sich deutlich voneinander abheben. Eine solche Randbesiedlung findet sich bei Ballum und Emmerlev. Südlich der Grenze ist es sehr deutlich ab Klixbüll und nach Süden bis Langenhorn zu beobachten.

Überall kann man schöne, alte Höfe sehen, hoch gelegen auf künstlichen Erdhügeln, den so genannten Warften. Einer von ihnen liegt auf dem Weg von Niebüll nach Dagebüll, der Nahnshof aus dem Jahre 1778. Die Warften können durchaus klein sein, nur gedacht für einen oder zwei Höfe. Bei den winterlichen Überschwemmungen lagen die einzelnen Warften wie kleine Inseln in einem Meer. Um sich gegenseitig zu besuchen oder um zur Kirche zu kommen, brauchte man kleine Boote.

An einigen Stellen liegen ganze Dörfer auf einer einzelnen großen Warft, so zu beobachten auf den Halligen Hooge und Oland. Das sagenumwobene Rungholt umfasste, so weit man es lokalisieren konnte, 28 Warften, von denen die eine, auf der wohl die Kirche stand, einen Durchmesser von 50 Meter hatte.

Eine andere Möglichkeit, an einem sicheren Ort zu siedeln, war, dicht an den neuen Deichen zu bauen; an einigen Stellen sind die Deiche breiter gebaut, um Platz für Bebauung zu schaffen. Dieses Phänomen lässt sich vielerorts beobachten, sowohl in der Tonderner Marsch als auch in den Kögen südlich der Grenze.

Hinsichtlich der Bauweise gibt es in der Region lokale Unterschiede, aber auch eine Reihe gemeinsamer Züge. Typisch für alle älteren Häuser ist, dass sie aus Stein gemauert sind. Im Großen und Ganzen gesehen hatte man kein anderes Bauholz als Treibholz, das an die Küste geschwemmt wurde.

Das Dach ruhte nicht auf der Mauerkonstruktion, sondern auf einigen kräftigen Pfosten. Wenn die Sturmflut gegebenenfalls die Mauern eindrückte, konnte das Wasser frei um die tragenden Dachkonstruktionen strömen. Die Familien konnten sich in Sicherheit bringen; sie fanden mit einer einzelnen Kuh und dem Kleinvieh oben im Heu Schutz.

Der klassische friesische Hof ist ein einflügeliges Gebäude, in dem Stall und Wohnung zusammen untergebracht sind. Über der Eingangspartie sieht man einen schönen Dacherker. Dieser Typ des langen, einflügeligen Hofes trägt die Bezeichnung „Uthländisches Haus" und findet sich vorwiegend auf den friesischen Inseln und Halligen sowie in den Kögen nördlich Lecker Au. Die Seite mit dem Stall ist dem Wind zugekehrt, um den Teil, in dem sich die Wohnräume

1 Haus auf der Warft

2 Kapitänshof

3 Roter Haubarg

befinden, wärmer zu halten. Ein anderer Typ ist das „Geestharden Haus", das typischerweise südlich Lecker Au bis etwas weiter im Süden von Husum anzutreffen ist. Diese Häuser haben Ställe, die quer zu den Häusern stehen. Überall sind Mischformen anzutreffen. Einige haben ein gesondertes Gebäude als Scheune oder Stall.

Generell lässt sich sagen, dass die Höfe in Westschleswig Steinmauern haben und mit Reetdächern versehen sind. Sie haben ein Haupthaus mit Wohnräumen und Stall, können aber auch auf zwei oder drei Flügel ausgebaut sein. Im Norden von Bredstedt ist eine größere Anzahl von Höfen mit vier Flügeln zu sehen, die sich um einen kleinen Hof gruppieren.

Der Tades Gård in Toftum auf Röm, ein vom dänischen Nationalmuseum verwalteter so genannter „Kapitänshof"/ Kommandørgård, zeigt eine nahezu gabelförmige Konstruktion. Einen guten Einblick in die friesische Bauweise bekommt man in Keitum auf Sylt vermittelt, wo viele stattliche Kapitänshäuser aus dem 18. und 19. Jahrhundert erhalten sind.

Der Haubarg ist ein ganz besonderer und überwältigender Gebäudetyp, der in erster Linie auf Eiderstedt anzutreffen ist. Doch finden sich einige wenige auch weiter nördlich. Der „Rote Haubarg" im nördlichen Teil von Eiderstedt ist ein herausragendes und großartiges Beispiel für diese Bauweise.

Der Haubarg ist ein großes, fast quadratisches Haus, das mit einem Dach gedeckt ist. Zwischen den tragenden Pfosten gibt es ein Viereck, das den Scheunenraum bildet. Wohnräume, Kuhstall, Pferdestall und Tenne sind um dieses zentrale Viereck gruppiert.

An vielen Stellen, besonders südlich der Grenze, werden neue Häuser gebaut, ganz in der Tradition der alten Bauweise. Solide, große, gemauerte Häuser mit Reetdächern. Auf der begehrten Touristeninsel Sylt, wo ein Ferienhaus genau so viel in DM kostet, wie in Dänemark in Kronen, kann man vielerorts gar nicht genug bekommen.

LANDGEWINNUNG

Die natürliche Entstehung der Marsch

Marsch bildet sich auf natürliche Weise in Wattengebieten, deren Niveau etwa dem mittleren Tidehochwasser oder etwas darüber entspricht. Die Gebiete werden nicht immer vom Tidehochwasser überschwemmt, aber doch so oft, dass sich Stoffe ablagern können.

Viele Organismen sind an dem Prozess der Verwandlung des Watts in der Marsch beteiligt. Die sehr feinen Lehm- und Schlickpartikel, die im Meerwasser aufgewirbelt werden, sind so leicht, dass sie nicht von selbst auf den Boden sinken können. Wenn sie die Darmsysteme der Millionen von Kleintieren passieren, verfestigen sich diese feinen Partikel zu größeren Klumpen, die sich dann absetzen können. Es erfolgt eine Verschlickung des Watts, woraus wiederum Nährboden für Pflanzen entsteht. Die Pflanzen sorgen für ruhigeres Wasser und können Stoffe fast wie ein Filter zurückhalten, sodass sich diese schneller absetzen können.

Die ersten Pflanzen im Watt sind in der Regel die Queller. Diese kleine, dickblättrige Pflanze kann Salzwasser vertragen, von dem es oft überspült wird. Wo Queller sind, da findet man oft auch Spartina, auch Salz-Schlickgras genannt.

Wenn das Vorland nicht mehr durch das tägliche Tidehochwasser überschwemmt wird, weil durch die Verschlickung das Niveau angehoben wurde, kann Andelgras wachsen. Diese dicht wachsende Pflanze breitet sich schnell aus und bildet einen Teppich, der die Marschbildung erheblich beschleunigt.

Übersteigt die Marsch allmählich die Höhe des mittleren Hochwassers, kommen weitere Pflanzen hinzu, wie z. B. die Strand-Sode, der Strandwegerich, der schöne Strandflieder, die zweijährige Strand-Aster, das Salzbinsengras, der Rotschwingel und Milchkrauthalme.

1 Queller
2 Klei
3 Wattwurmaufwurf
4 Wermut

1 *Schneebedeckte Faschine auf Röm*
2 *Grübbel-Rinnen*
3 *Grübbel-Rinnen*
4 *Grübbel-Rinnen*
5 *Faschinenzaun*

Ist die Pflanzendecke dicht geworden, schreitet die Marschbildung relativ schnell voran. In etwa 1 Meter Höhe über mittlerem Tidehochwasser hört das Wachstum auf, da der Boden für eine Verschlickung zu wenig von Wasser überdeckt wird.

Sturmfluten richten Zerstörungen an, aber sie können auch aufbauende Wirkung haben. Die großen Mengen an Material, die an einer Stelle abgebrochen werden, werden an einer anderen abgelagert. Eine Sturmflut kann erheblich dicke Schichten an Sand ablagern, was sich durch Probebohrungen in der Marsch belegen lässt.

Im Zuge einer natürlichen Marschbildung entsteht allmählich auch ein System von Entwässerungskanälen. Diese bilden ein weit verzweigtes Netz kleiner Rinnen im Innern der Marsch.

Wenn der Mensch auch Hand anlegt

Die Marsch ist fruchtbar und gibt gute Weide- und Heuernteflächen ab. Früher war es deshalb ein gutes Geschäft, die Entstehung der Marsch zu beschleunigen. Dieser Prozess fand seit dem Mittelalter statt und hängt nicht allein mit dem Wunsch nach mehr Land zusammen, sondern auch mit der Sicherung des Bodens, wo Marsch gebildet worden war, indem man Eindeichungen vornahm und dadurch das Vorland mehr und mehr nach Westen verschob.

Die Verschlickung ist dort am stärksten, wo das Wasser zur Ruhe gebracht werden kann. Um diesen Prozess zu fördern, grübbelt man und errichtet Faschinenzäune. Er besteht aus zwei Reihen von Pfählen, die in einem Abstand von etwa einem halben Meter in das Watt gerammt werden. Die Zwischenräume werden mit Bündeln aus Reisig, Ästen und Zweigen aufgefüllt. Diese Bündel bezeichnet man als Faschinen. Das Wasser kann leicht durch den Zaun hindurchfließen, aber dahinter wird die Bewegung des Wasser gedämpft; es entsteht eine beruhigte Zone, in der sich Schlick ablagert. Das hinter dem Faschinenzaun gelegene Gebiet wird Schlickbeet genannt.

Für eine schnellere Landgewinnung werden Gräben in die Schlickbeete gegraben: man grübbelt. Die Gräben werden flach und breit gezogen. Das ausgehobene Material wird zwischen den Gräben aufgeworfen. Bei Ebbe folgt das

2

3

4

5

Wasser den Gräben aus den Schlickbeeten, ohne von den dazwischenliegenden Aufhäufungen Material mitzureißen. Das Grübbeln wird in regelmäßigen Abständen vorgenommen, z. B. alle drei Jahre. Dadurch verändert das Schlickbeet seinen Charakter, und es ist leicht zu erkennen, ob man ein altes oder ein neues Schlickbeet vor sich hat.

Die Gräben werden jedes Mal schmaler und tiefer gemacht, und die Zwischenräume werden aufgrund des angehäuften Materials breiter und höher. Eventuell kann man das so gewonnene Gebiet mit einem neuen Deich sichern.

Das Eindeichen der Marsch hat auch negative Folgen. Das Meer hat nicht mehr ausschließlichen Einfluss auf das Gebiet. Dadurch verändern sich die physikalischen, chemischen und biologischen Gegebenheiten. Der Einfluss der Gezeiten schwindet.

Durch Bodenbearbeitung wird die Marsch bebaut und eingeebnet. Pflanzen- und Tierwelt verändern sich. Die natürlichen Pflanzen, die in salzigen Böden gedeihen, werden durch Pflanzen ersetzt, die in Süßwasserböden vorkommen. Die Veränderung des Pflanzenbestandes wirkt sich auch auf die Fauna aus. Sobald Natur kultiviert wird, bedeutet dies auch weniger Vielfalt.

DEICHE UND SCHLEUSEN

Auf die Leistung ihrer Vorfahren, die fruchtbares Land schufen, können die Friesen stolz sein. In der nordfriesischen Marsch, dem Land zwischen Eider und Ho Bucht, gibt es insgesamt 151 Köge (eingedeichtes Marschland), von denen 133 in Deutschland und 18 in Dänemark liegen. Vor 1200 waren 9, nach 1900 26 Köge eingedeicht.

Das Eindeichen neuen Landes für landwirtschaftliche Zwecke dürfte wohl ein abgeschlossenes Kapitel sein. Abkommen zwischen Holland, Deutschland und Dänemark stellen sicher, dass das Wattenmeer zukünftig ein Naturschutzgebiet bleibt; Agrarböden haben wir genug.

In den letzten 1000 Jahren gab es einen fortwährenden Prozess von Eindeichungen, Landgewinnungen vor den Deichen, gefolgt von neuen Eindeichungen, sobald das Vorland reif für den Deichbau war.

Die ersten Deiche

Die Deiche haben sich im Laufe der Zeiten verändert. Die ersten Deiche aus der Zeit um 1000 waren niedrig. Man erhöhte nur den Rand des Vorlandes und legte kleine Wege zwischen den Warften an. Später baute man etwas größere Sommerdeiche, damit das Heu trockengehalten werden konnte. Der Bau mit primitiven Werkzeugen war Knochenarbeit.

Das Material hat sich im Laufe der Zeiten verändert. Waren viele der alten Deiche aus Schlick gebaut, so besteht die Konstruktion moderner Deiche aus einem Kern hineingepumpten Meeressandes, bedeckt mit Schichten aus Schlick und Grassoden. In einigen Fällen, wie am Eidersperrwerk, ist die Außenseite asphaltiert oder mit Steinen oder Beton gesichert.

Die großen Seedeiche bieten Schutz gegen Sturmfluten. Paradoxerweise können die gleichen Deiche bei einer länger andauernden Sturmflut eine Überschwemmung des Landes von der

1 Flussdeich

Rückseite her verursachen. Die vielen Wasserläufe, die die Geest entwässern, haben einen durch Schleusen regulierten Auslauf in die Nordsee. Oft sind außerhalb der Schleusen Rinnen in das Wattenmeer gegraben, um ein stabiles Ablaufen zu gewährleisten.

Schleusen

Die Schleusen sind generell so konstruiert, dass die sich nur nach außen öffnenden Schleusentore automatisch geschlossen werden, wenn das Tidehochwasser eine solche Höhe erreicht, dass ein Einströmen von Meerwasser in die Süßwassersysteme droht.

Da die Pegel der Wasserläufe des Hinterlandes oft höher sind als die Köge, sind Flussdeiche erforderlich.

Es kommt selten vor, dass eine Schleuse für längere Zeit geschlossen gehalten werden muss. Allerdings war die Arlau-Schleuse südlich von Schlüttsiel einmal 70 Stunden lang geschlossen. Eine solche Situation kann bereinigt werden, indem man große Teile des eingedeichten Landes als Wasserreservoir fungieren lässt, wie man es im Hauke-Haien-Koog gemacht hat. Das Wasserreservoir kann bis zu 7 Mill. Kubikmeter Wasser aufnehmen, was eine Schließung der Schleusen von bis zu 35 Stunden ermöglicht.

Der neue dänische Deich bei Hoyer hat beim Margrethen-Koog ein ähnliches Reservoir.

Einige Schleusentypen

Die Schleusen sind stets einen Besuch wert. Bei den größeren gibt es Parkplätze und die Möglichkeit für einen Imbiss oder eine Tasse Kaffee. Die Schleusen sind natürliche Ausgangspunkte für Touren in das Watt oder in die Marsch. So gibt es z. B. bei der Wiedau-Schleuse eine Ausstellung, ein Naturcenter und eine Cafeteria, und bei Schlüttsiel ein Restaurant und eine Fährstelle für Fahrten zu den Halligen und nach Amrum.

Auch bei Wasserläufen und Deichen sind Schleusen erforderlich. Allein der 15 km lange Ripen-Deich hat vier Schleusen. Die Schleusen werden nach ihrer Wirkungsweise als Freischleusen oder Kammerschleusen bezeichnet.

Diese können selbst bei sehr hohem Wasserstand des Meeres für Schiffe geöffnet werden. Ein großes System mit einer Kammerschleuse ist auch am Eidersperrwerk zu sehen, der größten Schleusenanlage an der nordfriesischen Küste.

Spuren von Deichbrüchen in der Vergangenheit

Bei Deichbrüchen entsteht eine Wehle, d. h. ein tiefes Loch, in das das Wasser mit großer Kraft hineinströmt, wobei das Material über den Koog verstreut wird. Man kann diese Wehlen oft als kleine Seen in der Landschaft sehen, oft führt der reparierte Deich in einem Bogen darum. Diese sind u. a. in der Tonderner Marsch, bei Klintemandshøl und Terkelshøl (aus dem Jahr 1593), auf Eiderstedt beim Roten Haubarg sowie im Porrenkoog bei Husum zu sehen.

Wasserläufe mit Schleusen

Die Mündungen vieler Wasserläufe werden durch Schleusen reguliert. Auf der dänischen Seite sind zu nennen: Königsau/Kongeå, Giels-Au/Gels Å, Reisby-Au/Rejsby Å, Bröns-Au/Brøns Å, Ripen-Au/Ribe Å, Breda-Au/Brede Å und Wiedau/Vidå, auf der deutschen Seite: Lecker Au, Soholmer Au, Arlau und nicht zuletzt die Treene/Eider.

1 Kammerschleuse
2 Eidersperrwerk
3 Wiedau-Schleuse/Vidå-Schleuse

Das Eidersperrwerk

Das Eidersperrwerk bietet einen imposanten Anblick. Dieses breite Betonmonument hat eine Höhe von 8,5 Meter über NN (Normal Null) und erhebt sich rund 7 Meter höher als normales Tidehochwasser. Fünf Schleusentore von jeweils 40 Meter Länge regulieren die Eider und das Meer im Rhythmus der Gezeiten. Neben dem Deich befindet sich eine 75 Meter lange und 14 Meter breite Kammerschleuse, die die Eider schiffbar macht, auch wenn die Schleusentore geschlossen sind. Das riesige Bauwerk verbindet Dithmarschen und Nordfriesland.

Der Bau, mit dem man aufgrund der Sturmfluten der Jahre 1953 und 1962 begonnen hatte, wurde 1973 eingeweiht. Der 5 km lange Deich und die Schleuse sollten gleichzeitig die Sedimentation in der Eidermündung verhindern, vor Sturmfluten schützen, die Eider weiterhin schiffbar erhalten, den Bau kilometerlanger Deiche ersparen und einen kürzeren Weg über die Eider schaffen. Große Konstruktionen, mit denen man versucht, die Natur zu beherrschen, haben oft unerwartete Folgen. In den 1980er Jahren gruben die Wassermassen direkt vor Deich und Schleuse ein Loch von 30 Meter Tiefe in den Meeresboden. Um den Sockel der Konstruktion gegen Erosion zu schützen, musste das Loch mit 20000 Sandsäcken zugefüllt werden.

DIE GEZEITEN

Die Gezeiten (Tiden) im Wattenmeer sind Teil der Gezeitenwelle aus dem Atlantik. Hier in dieser Region beträgt der normale Gezeitenunterschied zwischen Flut (Hochwasser) und Ebbe (Niedrigwasser) zwischen 2 und 3 Meter. Zum Vergleich hierzu beträgt der Gezeitenunterschied an der Ostküste normal rund einen halben Meter.

Die Gezeiten und der Mond

Die Ursache für die Gezeiten ist vor allem die Anziehungskraft des Mondes auf die Wassermassen aller Meere. An dem Ort auf der Erdkugel, der dem Mond am nächsten ist, gibt es die stärkste Flut, auf der entgegengesetzten Seite der Erdkugel ist die Flut gering.

Auch die Sonne übt eine Anziehung aus, allerdings erheblich weniger als der Mond. Fällt die Anziehung des Mondes mit der der Sonne zusammen, was bei Neumond und Vollmond der Fall ist, dann ist der Gezeitenunterschied größer, und es kommt zur Springflut.

Die Bewegung der Erde um ihre eigene Achse bewirkt innerhalb von 24 Stunden zweimal Flut und zweimal Ebbe. Man könnte somit zwischen Flut und Ebbe einen zeitlichen Abstand von 6 Stunden vermuten. Jedoch bewirkt die Bewegung des Mondes um die Erde, dass es alle 24 Stunden einen Unterschied von 50 Minuten gibt. Unterschiedliche Wetter- und Windverhältnisse können dazu führen, dass sich der Rhythmus der Gezeiten verschiebt.

Hochwasser

Die Höhe einer Flutwelle, Hochwasser, wird durch mehrere Faktoren bestimmt. Dabei kann es selbst innerhalb eines kleinen Gebiets große Unterschiede geben. Einer der die Gezeitenwelle bestimmenden Faktoren ist die Breite des Gewässers.

Verengt sich ein Gewässer, wird die flache, breite Flutwelle zusammengepresst und gewinnt dadurch an Höhe. Deshalb kommt es in schmalen Trichtern, wie z. B. an der französischen Kanalküste zwischen Normandie und Bretagne, zu besonders hohen Wasserpegeln. Hier werden Gezeitenunterschiede von 12–14 Metern gemessen.

1 Flutkalender

Dort, wo das Wasser sich staut, können Sturmfluten große Probleme verursachen. In der in dem vorliegenden Buch beschriebenen Region gilt dies für die Nordküste von Eiderstedt, Hoyer (nördlich des Hindenburgdamms) und im Norden des Röm-Damms.

Die Gezeiten sind der Lebensspender für das Wattenmeer. Zweimal innerhalb von 24 Stunden führen die pulsierenden Gezeiten sauerstoffreiches Wasser voller Nährstoffe in das Watt heran.

Die Gezeiten bringen auch die Stoffe mit, die die Bildung von Marsch fördern. Ein lebensspendender, schöpferischer, pulsierender Rhythmus im Zusammenspiel zwischen Erde, Sonne und Mond. Der Puls des Sonnensystems. Wenn dieser Puls allerdings zu kräftig schlägt, kann es zu Katastrophen kommen.

Sturmflut

Sturmfluten verändern das Land. Nicht genug damit, dass die reißenden Wassermassen Leben kosten; auch die Landschaft verändert sich auf dramatische Weise. Gräbt man in den fetten Schlickschichten der Marsch nach, sind oft Schichten von Sand zu erkennen, die durch Sturmfluten auf das Land geschwemmt wurden. Unter einer einzigen Sturmflut können ganze Gebiete verschwinden; unzählig sind die Kirchen und Bauernhöfe, die vom „Blanken Hans" verschlungen wurden.

Die Ursache für eine Sturmflut sind eine Reihe unglücklicher Umstände, die gleichzeitig zusammentreffen. Zu Sturmfluten kann es kommen bei:

- kräftigem Tiefdruck entlang der Wattenmeerküste,
- Springflut,
- starkem Wind, Sturm, Orkan aus West/Nordwest.

Am schlimmsten wird es, wenn alle drei Faktoren gleichzeitig eintreffen.

Steigt der Wasserpegel auf mehr als 3 Meter über NN, bezeichnet man die Situation als Sturmflut. Selbst auf kleine Entfernungen hin kann es große Unterschiede geben, wie hart eine Sturmflut zuschlägt. Die Ursache hierfür können örtliche Gegebenheiten sein, wie z. B. der Hindenburgdamm, der Röm-Damm oder topographische Verhältnisse, die größere Wellenerhebungen verursachen.

Plötzliche Wechsel der Lage von Tief-druck-/Hochdruckgebietes und ein plötzliches Umspringen des Windes können an einem Ort zu Katastrophen führen, während an einem anderen nichts passiert. Bei dem Jahrhundert-Orkan am 3./4. Dezember 1999 betrug der Wasserpegel bei Hoyer ca. 4,40 Meter, bei Ripen jedoch gut 5 Meter.

Der Orkan kam aus westlicher Richtung; wäre er ein wenig mehr aus Nordwesten gekommen, wäre Hoyer am härtesten betroffen gewesen.

Über die Sturmfluten und die durch sie in der Region Nordschleswig angerichteten Schäden wurde von 1400 bis 1800 Statistik geführt. Aus dem Zahlenmaterial lässt sich ersehen, dass es durchschnittlich alle drei Jahre zu Sturmfluten kommt und dass Wintersturmfluten viermal häufiger als Sommersturmfluten vorkommen.

Ein weiterer kritischer Punkt ist der Zustand der Deiche. Deiche müssen instandgehalten werden. Infolge trockener Sommer können Risse und Schwachstellen entstehen, da die Deiche schrumpfen; auch von Tieren gegrabene Gänge können einen Deich schwächen.

1

1 und 2 Strand von Ballum im Gezeitenunterschied

STURMFLUTEN

Sturmfluten und Deichbrüche sind große, tragische Geschichten über den Tod von Menschen, von Land, das zu Meer wurde, von Herden von Tieren, die vor Angst brüllen, von Hausrat und losgerissenen Schiffen, die in einem aufgepeitschten Meer umhertreiben.

Allerdings sind die alten Erzählungen bisweilen mit etwas Vorsicht zu genießen; die Zahlen müssen oft kräftig nach unten korrigiert werden. Aber abgesehen von den Zahlen: Es gibt keinen Zweifel, dass Schrecken und Ohnmacht groß waren.

Die erste erwähnte Sturmflut ist „Die Große Kimbrische Sintflut" des Jahres 340 v. Chr. Mehr als der Name ist darüber nicht bekannt.

Aus den Jahren 1216, 1219 und 1230 sind fürchterliche Überschwemmungen überliefert. Von diesen drei Katastrophen wird berichtet, dass dabei 180000 Menschen ertrunken seien, und dass allein im Jahr 1216 800000 Stück Vieh zugrunde gegangen sein sollen. Ein Beispiel für Zahlen, die überhaupt nicht stimmen können.

Rungholt und seine Sagen
Bei der großen Sturmflut des Jahres 1362 verschwand Rungholt mitsamt Anlegestelle, Kirche, Häusern und 500 Menschen. Auf Reste von Rungholt stieß man südlich/südwestlich der Hallig Südfall.

Der Untergang von Rungholt bot reichlichen Sagenstoff. Hans Christian Andersen wurde davon zu einigen Abschnitten in seinem Roman „Die zwei Baronessen" inspiriert.
„Der Untergang Rungholts war Gottes Strafe für den Übermut der reichen Bewohner. Sie hatten um ihr Land einen Deich gebaut, der höher war als alle anderen. Sie stiegen auf den Deich und drohten dem Meer, wobei sie herausfordernd riefen: ‚Wir trotzen Dir, Blanker Hans!' – Doch nicht genug damit. Die Bewohner führten ein gottloses Leben und wagten es sogar, dem Herrgott selbst zu trotzen."

Die Region Strand

Bisweilen wird Land weggespült. Die Region Strand war einst eine Halbinsel, die sich nördlich von Eiderstedt erstreckte. Strand oder Nordstrand, wie sie auch genannt wird, ist die vielleicht am stärksten von Sturmfluten verwüstete Region im Wattenmeer.

- 1075: 10 Deichbrüche in Strand.
- 1114: Strand wird überschwemmt.
- 1117: Strand wird überschwemmt.
- 1362: „De Grote Mandränke" (Das Große Menschenertränken). Strand schrumpft auf die Hälfte seiner Fläche. Rungholt wird ins Meer gespült.
- 1436: Nordstrand wird in einen östlichen und einen westlichen Teil geteilt und vom Festland abgetrennt. Nordstrand ist jetzt keine Halbinsel mehr, sondern eine Insel.
- 1532: Auf Nordstrand verlieren 1500 Menschen das Leben.
- 1634: Die Insel Nordstrand wird überschwemmt und zerstört. 6000 Menschen kommen um, gut 1300 Häuser und Höfe werden zerstört. Nach der Katastrophe wird auf dem westlichen Teil der alten Halbinsel (Pellworm) zügig mit dem Deichbau begonnen, wohingegen es auf Nordstrand nur schleppend vorangeht.
- 1792: Trotz Eindeichung trifft es dieses Mal Pellworm.
- 1825: Alle Bewohner von Südfall kommen um.
- 1962: Überschwemmung.

Die „Grote Mandränke"

Die „Grote Mandränke" traf das Gebiet zwischen Ho Bucht und Elbe am 16.

Januar 1362. Von dieser gewaltigen Naturkatastrophe wurde das Gebiet südlich der Grenze am härtesten getroffen, wo u. a. 30 Kirchen zerstört worden sein sollen. In der Region Strand verschwand Rungholt mit sechs Nachbargemeinden. Es ist von 200 000 Toten die Rede, aber diese Zahl ist übertrieben. Dennoch handelt es sich um diejenige Sturmflutkatastrophe, die die meisten Menschenleben gekostet hat.

Bis zum Sommer 1361 gedieh die Stadt Rungholt prächtig; dies lässt sich aus einigen Dokumenten über Handelsrechte im Reichsarchiv in Kopenhagen ersehen. Am 17. Januar 1362 war es vorbei: Rungholt existierte nicht mehr. Es handelte sich jedoch nicht um ein versunkenes Atlantis, sondern um einen betriebsamen Handelsplatz mit einigen Häusern und einem kleinen Hafen. Ausgrabungen haben rund 28 Warften nachgewiesen, was einer Bevölkerung von etwa 500 Menschen entsprechen könnte. Bei den Ausgrabungen gemachte Funde sind im Nordfriesischen Museum Nissenhaus, Husum, zu besichtigen.

Das Dorf Misthusum

Die Küstenstraße vom Röm-Deich nach Tondern führt durch Husum Enge und Ballum Enge. Nach Osten hin sind die Siedlungen am Geestrand zu sehen, nach Westen hin die Reihe der Deiche, unterbrochen durch Schleusen. Wenn man sich gut umschaut, lassen sich einige historische Reste eines kleinen Gemeinwesens entdecken: Misthusum.

Vom Haus des Hirten bei den Windmühlen, die etwa 3 km südlich der Straßenkreuzung am Röm-Deich zu sehen sind, führt ein Pfad zum Markmandshuset (das Haus für den Aufseher der Felder, den Markmann). Hier finden sich die Reste eines alten Dorfes; alles was übrig geblieben ist, sind die acht Warften des Dorfes und das Markmandshuset.

Misthusum, das ursprünglich um das Jahr 1200 entstand, wurde 1634 von einer Sturmflut zerstört. Das kleine Haus, das auf der höchsten der Warften steht, ist neueren Datums. Es wurde 1809 aus Resten der stillgelegten Höfe gebaut und vom Dorfhirten genutzt. Am Haus ist ein Fething zu sehen, in dem

1

2

1 Gedenkstein bei Reisby
2 Stöpe, Deichdurchfahrt

Regenwasser zur Gewinnung von Trinkwasser gesammelt wurde.

In dem alten Mühlenhaus bei den zwei weißen Nallum-Mühlen von 1842 ist eine kleine, aber informative Ausstellung zu sehen.

Die Katastrophe bei Reisby

Das Wasser kam ohne Vorwarnung an diesem 30. August 1923. In einem kleinen Barackendorf hielten sich einige Arbeiter auf, die – Ironie des Schicksals – mit dem Bau des Deiches zwischen Vester Vedsted und Søndernæs beschäftigt waren.

Um 16.30 Uhr begann das Wasser in das Barackendorf einzudringen. Um 17.00 Uhr stand es einen Meter über dem Erdboden. Die einfachen Holzgebäude wurden zu Flößen umgebaut. Wer konnte, strebte dem Land zu. Auf den ersten Blick schien es leicht, die

Flöße vom Deich weg und auf das Land zu zu bewegen. Aber es wurde ein schwerer Weg dorthin, achtmal versuchte zu Tode verängstigtes Vieh auf das Floß zu gelangen. Es verfing sich im Stacheldraht und wurde 2 Stunden lang festgehalten.

Sturm und Wellen machten eine Fahrt auf dem klobigen Fahrzeug nahezu unmöglich. Um 21.20 Uhr erreichte das Floß Land; am Morgen danach wurde ein Überlebender gerettet, der die Nacht in einem Loch im Deich zugebracht hatte. Steifgefroren und erschöpft wurde der Glückliche von einem Ruderboot geborgen, 19 Arbeitskollegen kamen nie mehr nach Hause.

Die Sturmflut von 1976

Im Januar des Jahres 1976 wäre es wirklich beinahe schief gegangen. 120 Jahre lang war man davon ausgegangen, dass der Hoyer-Deich in der Lage wäre, der Tonderner Marsch und nicht zuletzt Tondern Schutz zu bieten, wo große Teile der Stadt nur etwa einen Meter über Normalnull liegen.

Der Orkan 1999:

1 An der Wiedau-Schleuse

2 Umgestürzter Baum

Bei dem Sturm am 3. Januar 1976 wurde ein Wasserpegel von 4,88 über NN gemessen. Bei der Kammerschleuse in Ripen wurden 4,70 über NN gemessen. Glücklicherweise blieb es nur ein paar Stunden bei den höchsten Pegelständen, sodass der Druck auf die alten Deiche nur von kurzer Dauer war. Die Lage war so ernst, dass zu dem Zeitpunkt, als die Situation am schlimmsten war, 20000 Menschen aus den Marschgebieten bei Ripen und Tondern evakuiert werden mussten.

Der Juvre-Deich auf Röm brach, Havneby auf Röm stand unter Wasser. Bis auf einen einzigen Todesfall, der sich während der Evakuierung ereignete, gab es nur materiellen Schaden.

Wäre der Wasserpegel nur um einige wenige Zentimeter höher gewesen, oder hätte der höchste Wasserpegel

einige Stunden länger Druck auf die Deiche ausgeübt, wäre es geschehen gewesen. So wären unersetzliche Schäden in den alten Städten Tondern und Ripen angerichtet worden, und das Ackerland wäre durch das Meerwasser zerstört worden.

Ein neuer Deich war erforderlich. Der Dänisch-Deutsche Deich oder – wie er üblicherweise genannt wird – der „Außendeich" (Det Fremskudte Dige) wurde 1982 von Dänemarks Königin Margrethe eingeweiht. Zuvor allerdings war er schon vom Meer eingeweiht worden, und zwar von einer Sturmflut, die höher war als die von 1976.

Hochwasser 1981

24. November 1981. Einen Monat vor Heiligabend stellten mehrere Tiefdruckgebiete und ein Sturm mit Böen von Orkanstärke nicht nur den neuen Außendeich, sondern auch den verstärkten Ripen-Deich auf die Probe. Als das Hochwasser den Höchststand erreichte, betrug die Windgeschwindigkeit 30 Meter pro Sekunde, und das Wasser war bei Hoyer auf 4,97 und am Ripen-Deich auf 5,01 über NN gestiegen. Das war neuer Rekord. Es kam indes zu keiner „Groten Mandränke", denn die Deiche waren in Ordnung.

Im Falle von Mandø ging es schief. In der schwächsten südöstlichsten Ecke brachen große Teile des Deiches. Die Insel wurde größtenteils vom Wasser überschwemmt, doch nicht die Stadt selbst, die auf einer hohen Dünenkette liegt.

Der Reisby-Deich brach, aber Menschen waren in dem überschwemmten Koog nicht gefährdet. Der neue Außendeich hielt der schwersten Sturmflut dieses Jahrhunderts, ja vielleicht dieses Jahrtausends, stand.

Orkan und Sturmflut 1999

Der schlimmste Orkan des Jahrhunderts fegte in der Nacht vom 3. auf den 4. Dezember 1999 über Norddeutschland und Nordschleswig.

Die norddeutschen Deiche hielten, die dänischen im Großen und Ganzen ebenfalls. Größere Schäden gab es am Röm-Deich, am Reisby-Deich und am Juvre-Deich auf Röm. Die weitaus größten Schäden wurden jedoch durch den Orkan verursacht, der mit Windstärken blies, die weitaus höher waren als die, welche man ansonsten in Dänemark und in Norddeutschland gewöhnt ist.

So wurde beispielsweise ein Drittel der Häuser auf Mandø erheblich beschädigt, und die Wälder wurden in einem Ausmaß zerstört, das das des Orkans von 1981 überstieg. Auch in den Wäldern Nordfrieslands wurden Schäden angerichtet, wenn auch in geringerem Umfang.

Aber die Deiche hielten.

DAS ÖKOSYSTEM DES WATTENMEERS

Das dänische und das nordfriesische Wattenmeer sind Teil des etwa 20 km breiten und 500 km langen Küstenabschnitts, der sich von der Ho Bucht im Norden bis nach Den Helder in Holland erstreckt. Das Wattenmeer gehört zu den einzigartigsten Naturgebieten der Erde.

Das Watt

Die Gezeiten sind der lebensspendende Puls, der in Abständen von gut 6 Stunden das Watt überschwemmt und Nährstoffe mitführt, um sich danach wieder zurückzuziehen, wodurch eine reichhaltige Speisekammer u. a. für Millionen von Vögeln freigelegt wird.

Auf und im Boden des Watts leben Planktonfresser wie die Herzmuschel, die Strandauster und die Miesmuschel. Sie ernähren sich, indem sie die Nährstoffe aus dem Wasser herausfiltern. Andere Tiere, so Schlammfresser wie die Schlickmuschel, die Ostseemuschel, der Wattwurm und der Schlickkrebs, sind bei ihrer Nahrungssuche aktiver. Raspen (Schneckentiere) wie die Schlammschnecke und die Strandschnecke leben im Allgemeinen entlang der Tidenhochwasserlinie und bilden u. a. die Grundlage für die Nahrungskette des Wattenmeers. Eine Stufe höher stehen Raubtiere wie die Tiefseegarnele und die Strandkrabbe. Diese wiederum dienen den vielen Vögeln des Watts als Nahrung.

1

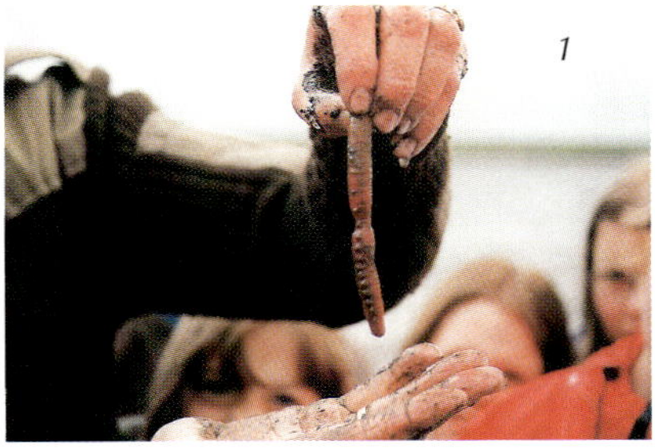

2

1 Sandwurm

2 Vogelschwarm

3 Watt bei Ebbe

3

Der Austernfischer ist Experte, wenn es um das Öffnen von Miesmuscheln geht. Schnatternde Enten leben von den großen Beständen an Schlammschnecken und Schlickkrebsen, der nach oben gekrümmte Schnabel des Säbelschnäblers eignet sich perfekt für das Abschöpfen von Kleinorganismen von der Oberfläche. Die großen Silbermöwen sind Allesfresser: Würmer, Muscheln, Eier und Vogeljunge – alles kann verwertet werden.

Das Wattenmeer hat eine zentrale Lage auf den Zugrouten der Wattvögel zwischen den Brutplätzen im Norden und den Überwinterungsplätzen im Süden. Millionen von Zugvögeln sind davon abhängig, hier ausruhen und fressen zu können, bevor sie ihren Flug fortsetzen.

Die unermesslich große Produktion der Wattengebiete bildet auch die Grundlage für viele Fischbestände der Nordsee. 60 % der Goldbutt-Bestände (Scholle) der Nordsee wachsen im Wattenmeer auf, und auch der Kabeljaubrut und den Seezungen kommt die große Speisekammer zugute.

Das Wattenmeer ist auch ein idealer Lebensraum für eines der größten Raubtiere in der Nahrungskette, die gemeine Robbe. Es gibt im Wattenmeer viele trocken liegende Sandbänke, die an tiefe Rinnen grenzen, die wiederum gute Stellen abgeben, um Nahrung und bei Gefahr Zuflucht zu finden.

Die größte Gefahr für die Wattenmeerregion würde ein ungeregelter Zugang für den Menschen zu Jagd und Fischfang sowie zu industrieller und landwirtschaftlicher Nutzung, u. a. Tourismus, darstellen.

Die Zukunft des Wattenmeers

Ziel des von Deutschland, Dänemark und Holland unterzeichneten Wattenmeerplans ist der Schutz der Natur und Kultur der Wattenmeergebiete und gleichzeitig die Gewährleistung einer Entwicklung, die den Bedürfnissen der Nutzer dieses Gebiets so gut wie möglich gerecht wird. Der Wattenmeerplan ist ein politisches Abkommen zwischen den Regierungen der drei Länder. Er soll zukünftig für Gemeinden, Kreise und Staat als Richtschnur dienen, nicht zuletzt in Form einer Umsetzung von Zielsetzungen und Richtlinien in nationale Gesetze und Erlasse.

Eine übertriebene Nutzung der Wattenmeerregion ist stets eine Bedrohung. Früher (wie auch heute) war es notwendig, Landwirtschaft, Fischerei und Jagd zu regeln. Heutzutage stellt der Tourismus die vielleicht größte Bedrohung dar.

Einigen Bedrohungen ist jedoch schwer beizukommen: Die deutschen Flüsse führen jedes Jahr 60 km^3 verschmutztes Wasser ins Wattenmeer. Die von den Bohrplattformen im Meer verursachte Ölverschmutzung, Verklappungen auf See und akute Austritte von Öl sind für eine verwundbare Region eine dauernde Gefahr. Jedes Jahr verfangen sich in dem Öl Seevögel, aber noch sind wir glücklicherweise an der ganz großen Katastrophe bislang vorbeigekommen.

Das Ökosystem des Wattenmeers

Café Hinrichs

HUSUM, FRIEDRICHSTADT UND EIDERSTEDT

An der Basis der Halbinsel Eiderstedt liegen die äußerst sehenswerten Städte Husum und Friedrichstadt. Die gesamte Region wird nach Süden von einem Fluss, der Eider, abgegrenzt, an der Friedrichstadt und Tönning, die Hauptstadt der Halbinsel, liegen.

Auf der 339 km^2 großen Halbinsel Eiderstedt leben rund 20000 Menschen. 55 der insgesamten 165 Köge Schleswig-Holsteins finden sich hier. Eiderstedt – das ist flaches Land, nur unterbrochen von den Deichrücken, die unnatürlich gerade durch die Landschaft verlaufen. Der gesamte südliche Teil von Eiderstedt ist von der Eider geprägt, nicht zuletzt der große Deich, der gegen Überschwemmungen durch Rückstauwasser schützt.

Eiderstedt ist für seine vielen schönen Haubarge bekannt. Früher gab es hier 400 dieser majestätischen Gebäude, die von Wohlstand und Umsicht zeugen. Die Haubarge konnten das Heu aufnehmen, das man geborgen hatte und das man hier gut und trocken lagern konnte. Zugleich konnte diese geniale Konstruktion den Sturmfluten widerstehen.

Heute gibt es noch 60 bis 70 Haubarge auf Eiderstedt. Sie sind zum Teil reetgedeckt, wie es meist üblich ist. Manche sind auch schiefergedeckt, was einem Haubarg ebenfalls gut zu Gesicht steht. Am schlimmsten sind die Haubarge, die mit Plattenpfannen gedeckt sind, d. h. ein glänzend-graurostiges Metallplattendach haben. Es ist eigentlich eine Schande, aber doch auch verständlich, wenn man berücksichtigt, dass das Eindecken eines normalen Haubargs knapp 200000 DM kostet.

Hier gibt es auch viele Kirchen zu sehen. Wirklich viele: 18 historische Kirchen, viele von ihnen reich geschmückt und verziert. Darüber hinaus gibt es auch zwei katholische Kirchen, die Kirchen in Husum und Friedrichstadt nicht mitgerechnet.

1 Eiderstedt mit Blick auf Husum

Die vielen Kirchen zeugen von dem einstigen großen Reichtum, der den fetten Marschwiesen zu verdanken war. Gleichzeitig war es auch ganz praktisch, die Kirche in der Nähe zu haben, nicht zuletzt in den Wintermonaten, wenn Überschwemmungen an der Tagesordnung waren. Auch gaben die Kirchen als markante und wiedererkennbare Punkte in der Landschaft gute Wegweiser ab.

Größere Städte: Husum (21500 Einwohner), Tönning (5000 Einwohner), Friedrichstadt (2600 Einwohner), St. Peter-Ording (3700 Einwohner) und Garding (2300 Einwohner).

Husum

Mit 21500 Einwohnern ist Husum die größte Stadt Nordfrieslands und – seit 1971 Südtondern, Eiderstedt und Husum zum Kreis Nordfriesland (rund 100000 Einwohner) zusammengelegt worden waren – gleichzeitig Kreisstadt.

Das erste, was man von Husum sieht, wenn man sich von Süden, vom flachen Eiderstedt her nähert, sind einige riesige Silos am Hafen. Hier lag auch eines der wichtigsten Husumer Unternehmen, die Schiffswerft. Mit dem Bau einer neuen, größeren Schleuse 1974 wurde für die Werft auch der Bau größerer Schiffe möglich, heute werden nur noch Reparaturen durchgeführt.

Husum wird auch Stadt der Museen genannt und die Stadt des Dichters Theodor Storm. Dies trägt dazu bei, dass diese Stadt zwischen Land und Meer viele Touristen anzieht.

Das Schloss

Das Schloss wurde von Herzog Johann Adolf von Gottorf in den Jahren 1577–1582 als Witwensitz für die gottorfschen Herzoginnen gebaut. Ursprünglich war das Schloss ein prächtigeres Gebäude mit sieben Türmen, die jedoch 1752 aufgrund von Einsturzgefahr abgerissen wurden. Im Schloss sind etliche gut erhaltene Interieurs zu besichtigen, u. a. finden sich hier viele erhaltene, reich verzierte Kamine.

Am berühmtesten ist vielleicht der Schlosspark, der im März/April eine wahre Blütenpracht hellviolett blühender Krokusse bietet. Diese zwischen Eichen und Buchen wachsenden Millionen Krokusse wurden ursprünglich von den Mönchen des Klosters angepflanzt, das der Reformation weichen musste. Man erzählt sich, dass der aus den vielen Krokussen gewonnene Farbstoff zum Färben der Mönchskutten verwendet wurde. Im Schlosspark steht auch eine Bronzebüste von Theodor Storm.

Verlässt man den Park und geht Richtung Neustadt, befindet man sich auf der alten Viehtreiberstraße. Am Ende der Neustadt, wo sich heute die Kreisverwaltung befindet, lag einst der größte Viehmarkt Nordeuropas. Hier wurden pro Tag bis zu 5000 Stück Vieh gehandelt.

Am Markt

Der Marktplatz bildet das Zentrum der Stadt. Hier gibt es viel zu sehen, besonders, wenn man das Glück hat, an einem Markttag hier zu sein. Charakteristisch für den Platz sind die vielen schönen Treppengiebel-Häuser. Im alten Rathaus (erbaut 1601 – mit einer neuen Backsteinfront 1971 restauriert) ist heute das Fremdenverkehrsbüro untergebracht.

1 Am Markt
2 Das Herrenhaus
3 Der Tine-Brunnen
4 Marienkirche
5 Hafenidylle

Daneben liegt das Herrenhaus, herrlich verziert mit zwei Giebeln und einigen bemerkenswerten eingemauerten Köpfen. Es soll sich dabei um die Köpfe aufrührerischer Husumer Bürger handeln, die 1472, nach einem Aufstand gegen den dänischen König Christian I., enthauptet wurden. Zwischen dem alten Rathaus und dem Herrenhaus hindurch führt der Schlossgang zum Schloss und zum Schlosspark hinauf.

Folgt man der Großstraße in westlicher Richtung, sind weitere eindrucksvolle Gebäude zu entdecken, u. a. das Haus Nr. 18, ein typisches Großkaufmannshaus aus dem 16. Jahrhundert. In der Mitte des Marktplatzes steht der Tine-Brunnen, eine sehr kraftvolle Figur einer jungen Frau, die über

Die Geschichte Husums

Von Husum ist erstmals im 13. Jahrhundert zu hören, als der dänische König Abel bei Husumbro getötet wurde. Dass die Stadt größer wurde und zur Hauptstadt wurde, verdankt sie einigen Gewaltsamkeiten.

Die „Grote Mandränke", die Sturmflut vom 16. Januar 1362, riss ein großes Stück des Vorlandes vor dem damaligen Husum weg, und so wurde Husum plötzlich, quasi über Nacht, zu einer Hafenstadt. Da eine der wichtigen Hafenstädte, Rungholt, in der Sturmflut untergegangen war, war der Weg für Husums neue Entwicklung und Wachstum frei.

Husum wurde später zum Zentrum des Ochsenhandels. Das Vieh kam über den Heerweg – auch Ochsenweg genannt – von Jütland und von den fetten Marschweiden auf Eiderstedt. Trotz Unruhen und Kriegen ging es mit der Stadt weiter aufwärts, und 1603 erhielt Husum Stadtrecht.

Aber das Meer schlug erneut zu. Die Sturmflut von 1634 zerschlug die Insel Strand, die in die Inseln Pellworm, Nordstrand und Nordstrandischmoor zersplittert wurde. Menschen und Tiere ertranken zu Tausenden. Husums wichtigster Getreidespeicher wurde zerstört – ein harter Schlag für die weitere Entwicklung der Stadt.

1854 wurde Husum Haltepunkt für die Eisenbahn, und auch der Viehhandel gedieh weiterhin gut. Nach 1864 wurden Husum und Schleswig-Holstein Teil des Deutschen Reiches, woran aber auch die Abtrennung Nordschleswigs im Jahre 1920 nichts änderte. Husum blieb deutsch.

das Meer nach ihrem Geliebten Ausschau hält.

Die St. Marienkirche

Hinter der „Tine" ist eine Kirche zu sehen, wie ihres gleichen nirgendwo anders in Nordfriesland zu finden ist. Dänischen Touristen wird sie vielleicht bekannt vorkommen, was gar nicht so verwunderlich ist. Die Kirche wurde nämlich 1829–1833 von dem Architekten C. F. Hansen gebaut, der auch die Kirche unserer Lieben Frau (Vor Frue Kirke) in Kopenhagen und die Hørsholm Kirche gebaut hat. Hansens Werk, gebaut im typisch klassizistischen Stil, folgte auf eine früher dort stehende, spätgotische Marienkirche; diese musste abgerissen werden, weil Risse aufgetreten waren und weil der fast 100 Meter hohe Turm sich zu neigen begonnen hatte.

Der Hafen

Der historische und gemütliche Teil des Hafens reicht bis in den Stadtkern hinein. Ein Hafen, der von Ebbe und Flut geprägt ist. Ein neuerer, moderner Hafen liegt weiter draußen. Man kann ihn sehen, wenn man z. B. am Dockkoog baden möchte. Diese beiden Köge liegen wie ein großer, grüner, flacher Puffer zwischen Husum und dem Meer. Auf der Marsch weiden Schafe und Kühe.

Die Nordseite des Hafens ist eine nette Gegend. Hier gibt es etliche Cafés

1 Das Theodor Storm-Haus
2 Das Nissenhaus
3 Ostenfelder Bauernhaus
4 Am Markt von Friedrichstadt

und Gaststätten, wo man einkehren und sich das bunte Treiben anschauen kann. Stöbert man ein wenig durch die Viertel, stößt man auf viele kleine Gassen mit alten, malerischen Fischerhäusern. Der hübsche Anblick wird allerdings ein wenig durch die gigantischen Getreidesilos getrübt, die sich als überschattende Betonkolosse an der Südseite des Hafens erheben.

Am Hafen kann man auch in der Hauptsaison für wenig Geld satt werden. Das deutsche Pendant zu den dänischen fahrbaren Wurstständen bietet eine reichhaltige Auswahl an Delikatessen aus dem Meer, u. a. die kleinen Krabben.

Die Eisenbahnbrücke trennt den alten Hafen von dem neuen. Von hier aus gibt es die Möglichkeit, auf Ausflugsschiffen zu den Halligen und Inseln

Theodor Storm und Husum
Wenn man Husum sagt, denkt man gleichzeitig auch an Theodor Storm (1817–1888). Insbesondere dieser Schriftsteller ist ein Synonym für Husum, so sehr, dass der von ihm geprägte Ausdruck „Die graue Stadt am Meer“ zum zweiten Namen dieser Stadt geworden ist. Im Großen und Ganzen sind alle Stellen, an denen Storm gewirkt hat, durch Gedenktafeln ausgewiesen, z. B. sein Geburtshaus Am Markt 9. In dem Haus Wasserreihe 31, in dem Storm eine Zeit lang wohnte, ist ein Theodor-Storm-Museum eingerichtet.

kommen. Am Hafen, wo früher die alte Schiffswerft lag, liegt das neue Rathaus, entworfen von Bernhard Winking und 1989 eingeweiht. Ein modernes Gebäude, äußerlich mit einem Anflug von altem deutschen Baustil. Das Rathaus ist öffentlich zugänglich. Hier gibt es auf den galerieartigen Gangflächen wechselnde Kunstausstellungen.

Die Museen

Husum nennt sich Stadt der Museen, und dies mit Recht. Wo sonst findet man eine Stadt mit nur 21 000 Einwohnern und so vielen Museen, von denen ein paar sogar ziemlich groß sind. Im Fremdenverkehrsbüro bekommt man Informationsbroschüren, in denen die Museen auf einem Stadtplan eingezeichnet sind.

Das Theodor-Storm-Haus

In einem schönen, alten Kaufmannshaus, in einer idyllischen Straße paral-

lel zum alten Hafen, wohnte von 1866–1880 Theodor Storm. In dem hier eingerichteten Museum sind heute das Arbeitszimmer und das Wohnzimmer mit den Möbeln der Familie Storm zu sehen. Auch das Sekretariat der Theodor-Storm-Gesellschaft ist in der Wasserreihe untergebracht. In einem Gebäude von 1838 gegenüber dem Storm-Haus befindet sich das Tabak- und Spielzeugmuseum.

Das Freilichtmuseum Ostenfelder Bauernhaus

Dieser Hof, der aus der Zeit vor 1600 stammt, stand ursprünglich in Ostenfeld, in der Nähe von Husum, wurde 1899 aber auf seinen heutigen Platz umgesetzt. Das Haus wurde nach einem Brand sorgfältig restauriert, wobei die Anwendung traditioneller Baumethoden größtmögliche Authentizität gewährleistete. Im Ostenfelder Bauernhaus sind Raumaufteilung, Hausrat, Arbeitsgeräte und Möbel der damaligen Zeit zu sehen, u. a. ein Altarschrank von 1642.

Nordfriesisches Museum – Nissenhaus

Das Museum ist ein Geschenk eines früheren Husumer Bürgers, Ludwig Nissen, der 1924 in New York starb. Das Museum wurde 1935–1937 gebaut und 1982–1984 erweitert. Am Eingang wird man vom Klabautermann begrüßt, im Inneren kann man sehen, dass dies hier ein guter Ausgangspunkt für das Verständnis Nordfrieslands ist. Ausstellungen informieren über Landschaftsgeschichte, Natur, Kultur und Kunst Frieslands.

Schloss vor Husum

Im Schloss sind reich verzierte Alabaster- und Sandsteinkamine zu besichtigen. Im Künstlersaal werden Wechselausstellungen gezeigt; darüber hinaus finden Konzerte und andere kulturelle Veranstaltungen statt, u. a. das Internationale Puppentheater-Festival Pole Poppenspäler.

Schifffahrtsmuseum Nordfriesland

Hier werden verschiedene Themen zur nordfriesischen Schifffahrtsgeschichte präsentiert: Holz- und Stahlschiffbau, die Seefahrt der Nordfriesen vom 17. bis 19. Jahrhundert, die Walfänger, Schiffsmodelle, Werkzeug, Motoren, Tauwerk, das Uelvesbüller Wrack aus dem 16. Jahrhundert, Fischerei im Wattenmeer, Seezeichen und Navigationsinstrumente. Im Hof des Museums sind Propeller, Schiffsmotoren und Namensschilder von Schiffen ausgestellt, die im Wattenmeer versunken sind.

Die Geschichte von Friedrichstadt

Dass es sich bei Friedrichstadt um keine sehr alte Stadt handelt, ist leicht zu erkennen. Sie ist städtebaulich geplant, die Straßen sind gleich und verlaufen im Großen und Ganzen gesehen rechtwinklig zueinander. Die „anarchistischen Wurzeln" und kleinen Gassen im Zentrum älterer Städte fehlen hier.

Die Geschichte der Stadt begann 1621. Reformierte Remonstranten aus Holland, die in ihrer Heimat verfolgt wurden, erhielten von Herzog Friedrich III. von Gottorf die Erlaubnis, sich auf einer kleinen Insel anzusiedeln, die durch Entwässerungen und Eindeichungen in dem Gebiet entstanden war, wo die Treene zur Eider stößt. Allmählich folgten weitere Gruppen unterschiedlicher Glaubensbekenntnisse. Die neue Stadt bekam den Ruf, tolerant zu sein: Mennoniten, Katholiken, Lutheraner, Juden und für gewisse Zeit auch Socianer und Quäker fanden hier Zuflucht. Viele Gottesdiensthäuser wurden gebaut. Friedrichstadt wurde die erste Stadt in Deutschland, in der alle Religionen toleriert wurden. Zum Bruch dieser Tradition kam es 1938, als randalierende Nationalsozialisten aus Husum in das friedliche Friedrichstadt kamen, um der dort lebenden Juden habhaft zu werden.

Im Interesse des Herzogs lag es, dass Friedrichstadt sich zu einer großen Handels- und Hafenstadt entwickeln sollte. Sein Traum sollte jedoch nie in Erfüllung gehen. Kriege und Unfriede machten seine Pläne zunichte, und etliche der holländischen Familien, die die vielen imposanten Häuser gebaut hatten, gingen einfach Bankrott und mussten in ihre Heimat Holland zurück.

Ironie des Schicksals – ein Drittel von Friedrichstadt wurde von den Schleswig-Holsteinern bei der Erhebung 1848–1850 zerstört. Die Beschießungen vom 29. September bis 4. Oktober 1850 bedeuteten für eine gewisse Zeit das Ende der Streitigkeiten, die diese Grenzregion so oft gepeinigt und gequält hatten.

Zahlreiche repräsentative Häuser gingen durch die Kanoneneinschläge verloren. Insgesamt wurden 285 Häuser beschädigt und 31 Einwohner getötet oder verletzt. 53 dänische Soldaten kamen ums Leben, denen ein Denkmal an der evangelischen Kirche gewidmet ist.

1 Das Brunnenhäuschen
2 Der Mittelburggraben
3 Außenansicht des Paludanus-Hauses
4 Die Alte Münze

Friedrichstadt

Friedrichstadt ist etwas ganz Besonderes. Diese kleine Stadt mit nur 2600 Einwohnern bietet genügend an Geschichte und Sehenswürdigkeiten, sodass man hier gut eine Woche verbringen kann.

Im alten Stadtkern sieht man schöne Giebelhäuser, Kanäle, Brücken, die Flüsse Eider und Treene sowie Kirchen unterschiedlicher Glaubensbekenntnisse. Ursprünglich sagte man, in Friedrichstadt gäbe es 13 Kanäle, 13 Brücken und 13 unterschiedliche Glaubensbekenntnisse.

Alte Gebäude

Einige sehr eindrucksvolle Gebäude finden sich Am Markt, aber auch im ältesten Stadtteil gibt es viele andere Häuser, die ihre eigenen phantastischen Geschichten haben.

An einigen Häusergiebeln entdeckt man Hebevorrichtungen, und viele Häuser haben keine Hausnummer, dafür aber ein eingemauertes Symbol, z. B. in Form eines Tieres. Diese Tradition stammt aus Holland. Die Adresse kann dann z. B. lauten „Das Haus mit der Gans" oder „Das Haus an der Mühle".

Rundgang durch die Stadt

Ein guter Ausgangspunkt für einen Stadtrundgang ist der Marktplatz am Brunnenhäuschen, von dem aus die meisten Stadtrundgänge mit Führung starten. An dem drolligen Pumpenhaus hat man einen schönen Blick über die schönen Giebelhäuser. Man beachte dabei die Symbole an den Häusern. Eines der Häuser ist aus Backstein gebaut. Es wurde 1970 nach den Bauzeichnungen des Originalgebäudes von 1623 restauriert.

Eine schöne Brücke aus Feldsteinen führt über den Mittelburggraben. Der massive Brückenbogen wurde 1773 aus Granitquadern gebaut. Unmittelbar hinter der Brücke liegt rechts, am Mittelburgwall 22–24, das Neber-Haus, gebaut 1850. Während der Französischen Revolution versteckte sich der Herzog von Orléans in dem Gebäude und betätigte sich unter einem Decknamen als Hauslehrer. Später, 1830, wurde er als Louis Philippe König von Frankreich.

Am Mittelburggraben liegt auch die Alte Münze. Dieses ganz besondere Gebäude mit seinem charakteristischen Giebel wurde 1989–1992 restauriert. Es stammt aus dem Jahr 1626 und diente dem Statthalter von Herzog Friedrich III. als Wohnung.

Gleich um die Ecke am Binnenhafen liegt das Gebäude, das den Juden als Synagoge diente, bis sie 1938 von den Nationalsozialisten aus der Stadt vertrieben wurden. Geht man weiter den Westersielzug entlang über die Kobrüch in Richtung Treene, stößt man auf einen jüdischen Friedhof und einen Gedenkstein an der Ecke Westersielzug/Treenefeld.

In der Prinzenstraße finden sich einige besonders schöne Häuser. Das Paludanus-Haus von 1637 dient seit 1960 als dänisches Versammlungshaus und als Pfarrwohnung. Die Löwenköpfe in der Fassade zeugen vom Wohlstand des Gründers, das Weinfass, in der Mitte des Frieses, von seinem Gewerbe.

Gegenüber liegt ein besonders schönes Haus mit Doppelgiebel aus dem Jahr 1624.

Kirchen

Die protestantische Kirche (Am Mittelburgwall) stammt aus der Zeit 1643–1649. Die katholische Kirche (Am Fürstenburgwall) ist von 1853, ein Teil ihres Inventars ist jedoch älter. Der Gebetsaal der Mennoniten (Mittelburgwall) war seit 1708 in einem Querflügel der Alten Münze untergebracht. Die Kirche der Remonstranten (Prinzessstrasse) ist von 1852.

Abstecher von Friedrichstadt:

Von Friedrichstadt aus besteht die Möglichkeit, an einer der Grachtenfahrten und auch an Ausflugsfahrten auf der Treene bis nach Schwabstedt teilzunehmen. Außerdem bietet sich eine Fahrt über die Brücke nach Lunden an. Auf dem Geschlechterfriedhof sind eine Reihe mächtiger Familiengruften zu sehen, die von Großbauern aus dem Kirchspiel Lunden angelegt wurden.

1

Jürgen Owens
Der Maler Jürgen Owens wurde 1623 in Tönning geboren. In seinen jungen Jahren ging er nach Holland, wo er Schüler von Rembrandt wurde. Owens war ein gefragter Porträtmaler an den europäischen Fürstenhöfen. Seine Bilder sind u. a. in Deutschland, Holland und Dänemark zu sehen.

Lehmsieker Forst

Etwa zehn Kilometer westlich von Friedrichstadt liegt Schwabstedt, und im Nordosten davon liegt der 140 Hektar große Lehmsieker Forst. Der Wald ist ungewöhnlich gestutzt, was durch seine Lage am Rande von Moränenablagerungen aus der vorigen Eiszeit bedingt ist. Hier findet sich eine ausgesprochen variantenreiche Flora und Fauna. Der Wald besteht zu 70 % aus Laubbäumen, darunter einige 200 Jahre alte Riesen. Wenn man Glück hat, kann man im Sommer auch den schönen Pirol hören und sehen.

1 Remonstrantenkirche
2 Fischbude
3 Hafen
4 Packhaus
5 Stöpe am Hafen

Die Halbinsel Eiderstedt

Tönning

Die Geschichte von Tönning reicht vermutlich bis in das Jahr 400 zurück, als sich hier die ersten Menschen auf einer großen, hohen Warft ansiedelten. Die Stadt wird erstmals 1186 erwähnt, und Reste des ältesten Bauwerks auf Eiderstedt finden sich in der Nordwand der St. Laurentius-Kirche. 1581–1584 wurde das Schloss gebaut, 1590 erhielt Tönning Stadtrecht und 1613 wurde der Hafen erweitert.

Die Stadt, wie auch die gesamte Region, kann auf eine Geschichte voller Gewalt zurückblicken und war Kriegsschauplatz, was erhebliche Zerstörungen zur Folge hatte. Im Großen Nordischen Krieg wurde die Stadt von dem schwedischen General Stenbock besetzt und von den Dänen belagert.

Nachdem der Eiderkanal gebaut und 1784 eingeweiht war, blühte Tönning als Hafenstadt auf. Eine wichtige Rolle bekam der Hafen in den Napoleonischen Kriegen während der Kontinentalsperre 1806, als Tönning zum wichtigsten Hafen nach Westen wurde.

Der Hafen von Tönning

Der Hafen ist ein idealer Treffpunkt. Der lange und schmale innere Hafen mit hohen Pollern für die vielen großen Schiffe aus den guten alten Zeiten ist sehr schön. Eine Erinnerung an eine Zeit der Größe und an die Zeit vor dem Eidersperrwerk, als Ebbe und Flut noch ihre volle Wirkung entfalteten.

Entlang des Hafens liegen eine Reihe sehr feiner Häuser, darunter das Schifferhaus von 1623, dessen Glocke früher vor Sturmfluten warnte. An dem Haus sind auch Pegelmarken der verschiedenen Wasserstände eingezeichnet; die letzte markiert die Sturmflut von 1962. Auf der gegenüber liegenden Seite des Hafens liegt der 77 Meter lange, dreistöckige Speicher mit Krüppelwalmdach. In dem 1783 erbauten Speicher, der von Tönnings geschäftigster Epoche zeugt, konnten 30000 Tonnen Getreide gelagert werden.

Man beachte die vielen, hübsch bemalten Haustüren. Auf dem Weg in die Stadt hinein kommt man an einem Deichtor vorbei, ein Tor, das den Deich schließt, wenn Sturmflut droht.

Der Schlosspark

Der südliche Teil des Marktplatzes stößt an den Schlosspark und die kümmerlichen Reste des Schlosses, das 1735 abgerissen wurde. Im Schlosspark finden sich Teile der alten Wallgräben und einige Sandsteinfiguren, die von dem früheren Schloss stammen. Hier ist auch ein Modell des Schlosses zu sehen, wie es einst ausgesehen hat. Auf dem Marktplatz steht der Marktbrunnen von 1613. Am Giebel des Rathauses sieht man das Stadtwappen von Tönning, ein Schwan auf einem Fass.

Die St. Laurentius-Kirche

Das alles dominierende Gebäude am Marktplatz ist die St. Laurentius-Kirche, mit ihrem hohen, schlanken Turm das Wahrzeichen der Stadt. Am ältesten ist die Nordwand aus dem 12. Jahrhundert; die hohe Barock-Turmspitze stammt aus der Zeit 1703–1706. Die Innendecke der Kirche, ein Tonnengewölbe, ist mit großartigen Malereien geschmückt. Die Kanzel, ein Ausstattungsstück, wurde 1703 von H. Röhlke geschnitzt und ist ein Geschenk der Familie des Malers Jürgen Owens. Ein Porträt dieses Malers ist zusammen mit einem Bild der Heiligen Familie auf dem Epitaph zu sehen.

Das Multimar Wattforum

Direkt westlich des Hafens, auf den flachen Wiesenflächen hin zur Eider, liegt das neue Wattenmeerzentrum Multimar Wattforum, das im Frühjahr 1999 eröffnet wurde. Dieses interaktive Wattenmeerforum macht den Reichtum und die Komplexität des Wattenmeeres jedem verständlich. In großen Aquarien kann die Tierwelt beobachtet werden. Es gibt Dia- und Filmvorführungen, in kleinen Details und großen Zusammenhängen über die Natur und das Zusammenspiel zwischen Mensch und Wattenmeer.

1 St. Laurentius-Kirche
2 Das Multimar Wattforum
3 Hoyerswort
4 Gedenkstein im Katinger Watt
5 Katinger Watt
6 Vogelbeobachtungsturm

Hoyerswort

In der Nähe von Oldenswort liegt, ganz versteckt in einem kleinen Wäldchen, Hoyerswort, das einzige Herrenhaus auf Eiderstedt. Das Herrenhaus wurde Ende des 16. Jahrhunderts vom königlichen Aufseher Caspar Hoyer erbaut. Auf Hoyerswort nahm Dänemarks König Frederik IV. die Übergabe der Festung Tönning durch den schwedischen General Stenbock entgegen.

Naturzentrum Katinger Watt
Nahe der Straße vom Eidersperrwerk nach St. Peter-Ording liegt das Naturzentrum Katinger Watt. Hier gibt es eine Ausstellung und Informationen über das Mosaik an Natur, das das Katinger Watt darstellt. Des Weiteren kann man hier auch an Wattwanderungen, Vogelbeobachtungen und Radtouren teilnehmen. Gut einen Kilometer vom Naturzentrum entfernt steht der 13 Meter hohe Vogelturm, und dicht dabei ein paar Hütten, von wo aus man ungesehen die Vogelwelt studieren kann.
Naturzentrum Katinger Watt,
Lina-Hähnle-Haus.
Tel. (04862) 80 04.
April–Oktober täglich 10–18 Uhr.
Im Winter nach Vereinbarung.

Oldenswort

Mit seinen 1350 Einwohnern ist Oldenswort der größte Ort auf Eiderstedt. Die kleinen Häuser gruppieren sich dicht gedrängt um die große Kirche, die das Dorfbild beherrscht. Sehenswert in der Kirche sind die Abendmahlbänke um den Altar, ein Charakteristikum vieler Eiderstedter Kirchen. Der Flügelaltar mit Malereien stammt von 1592.

Katinger Watt

Durch den Bau des Eidersperrwerks von 1967 bis 1973 wurden rund 1200 Hektar Watt trockengelegt. Ein Gebiet, das vorher den Kräften der Gezeiten ausgesetzt war und im Laufe von 24 Stunden zweimal überschwemmt wurde, wurde jetzt nicht nur trocken, sondern langsam auch zu einem Süßwassergebiet.

Rund die Hälfte dieser phantastischen Naturregion steht unter Naturschutz; auf 300 Hektar wurde neuer Wald angepflanzt, und ca. 300 Hektar werden extensiv landwirtschaftlich genutzt. 100 Hektar sind Brachflächen. 60 unterschiedliche Arten Nistvögel gibt es hier, darunter Kampfläufer, Bartmeise und Rohrdommel. Auch die vielen Tausende Zugvögel kommen im Frühjahr und im Herbst hierher, um Futter zu finden.

Die beste Aussicht hat man von dem großen Aussichtsturm neben dem neuen Damm. Hier bietet sich ein phantastischer Ausblick auf das Gebiet, und man hat reichlich Möglichkeit, die Vögel zu beobachten und zu fotografieren.

Dithmarscher Eidervorland mit Watt

Vom Eidersperrwerk hat man Aussicht auf das südliche Eidervorland, ein Naturschutzgebiet von gut 600 Hektar. Auch in diesem Gebiet gibt es eine üppige Vogelwelt. Auf den Sandbänken in der Eider kann man Robben beobachten.

Das Eidersperrwerk

Das breite Betonmonument erhebt sich 8,5 Meter über NN und reicht etwa 7 Meter höher als normales Hochwasser. Fünf Schleusen mit mächtigen Schleusentoren von je 40 Metern Länge regulieren Eider und Meer im Rhythmus der Gezeiten. Neben dem Deich gibt es eine 75 Meter lange und 14 Meter breite Kammerschleuse. Durch sie bleibt die Eider schiffbar, auch wenn die Schleusentore geschlossen sind.

Das Bauwerk wurde aufgrund der Sturmfluten von 1953 und 1962 gebaut. Damm und Schleusen sollten gleichzeitig Sedimentation verhindern, Schutz vor Sturmfluten bieten, die Eider schiffbar halten (Kammerschleuse) sowie weitere, ansonsten notwendige Kilometer Deich an anderen Stellen einsparen.

Das Eidersperrwerk verbindet Dithmarschen mit Eiderstedt. Es ist ein Erlebnis, auf dieser Konstruktion zu stehen, mit der breiten Eider im Osten und der Nordsee im Westen.

Garding

Garding liegt in der Mitte von Eiderstedt auf dem höchsten natürlichen Punkt der Halbinsel. Straßennamen wie Fischerstraße und Hafenplatz weisen in eine Zeit zurück, als Garding noch Hafenstadt war. Die Stadt war durch einen Kanal mit der Eider und dem Meer verbunden.

Garding hat einen historischen Stadtkern, dessen Zentrum der Marktplatz und die Kirche mit ihrem schweren, kraftvollen Turm von 43 Metern Höhe bilden. Sehr schön ist das Interieur mit einigen einzigartigen Sehenswürdigkeiten. Die Kanzel von 1593 ist die erste des so genannten Eiderstedt-Typs; der Renaissance-Altar ist von Marten van Achten.

Am Markt 6 wurde 1817 der wohl berühmteste Sohn der Stadt, Theodor Mommsen geboren. Heute gibt es in dem Haus ein Gedenkzimmer.

Katharinenheerd

Neben dem alten Kirchengebäude steht ein hölzerner Glockenturm aus dem 17. Jahrhundert. In dem schönen Innenraum der Kirche, sehenswert Altar und Kanzel, gibt es ein Sandsteinrelief des Mädchens Martje Flohr. Ihr soll ein geflügeltes Eiderstedt-Wort zu verdanken sein.

Die Geschichte erzählt, dass sie während der schwedischen Besetzung Anfang des 18. Jahrhunderts bei einem mächtigen Trinkgelage auf einem Hof in Katharinenheerd von den betrunkenen Soldaten aufgefordert wurde, einen Trinkspruch auszubringen. Daraufhin soll das Kind mit todernstem Gesicht gesagt haben: „Et gah uns wol up unse olen Dage" (Möge es uns auf unsere alten Tage wohl ergehen).

Auf dem Drescherhof (zwischen Katharinenheerd und Tetenbüll) ist auf dem Tor einer Haubarg-Scheune ein Bild zweier Männer mit Dreschflegel

und Pferd zu sehen, das aus dem 18. Jahrhundert stammen soll.

Tating

Tating ist einen Stopp wert. Außer der großen und besonders reich verzierten St. Magnus-Kirche aus dem 12. Jahrhundert, einer der ältesten Kirchen auf Eiderstedt, gibt es hier einige schöne Haubarge. Der stattliche Hof Hamkens gehört zu den bekanntesten auf Eiderstedt.

Im westlichen Teil des Hochdorfer Gartens, einer 5 Hektar großen, öffentlich zugänglichen Parkanlage, liegt der reetgedeckte, weiß gestrichene Haubarg Hochdorf. Als er 1764 gebaut wurde, war er mit nicht weniger als sieben Türen und 54 Fenstern der größte Haubarg in der Region.

St. Peter-Ording

Auf dem Weg nach Westen kommt man in einen der renommiertesten Bade- und Kurorte Deutschlands. St. Peter-Ording war vor nur 150 Jahren noch eine öde Landschaft mit ausgedehnten Sandflächen und Dünen.

Ein Anfang des Jahrhunderts angepflanzter Wald trug dazu bei, das Sandtreiben einzudämmen und die Dünen zu festigen.

1 Die Kammerschleuse
2 Das Eidersperrwerk

Theodor Mommsen
Theodor Mommsen wurde 1817 in Garding geboren und starb 1903 in Berlin. Als Jurist und Historiker wurde Mommsen wegen seiner beiden Werke „Römische Geschichte" (1854–1856) und „Römisches Staatsrecht" (1871–1888) berühmt. 1902 wurde Mommsen als erster Deutscher mit dem Literaturnobelpreis ausgezeichnet.

Heute ist St. Peter-Ording ein gut besuchter Badeort. Die nur 3500 fest ansässigen Bewohner können 12 000 Gästebetten für sand- und meerhungrige Touristen anbieten.

Die großen Dünenlandschaften und die ausgedehnten Flächen feinen Sandes verdankt die Stadt paradoxerweise der großen Sturmflutkatastrophe von 1362, der „Groten Mandränke". Die äußersten 30 km von Westland wurden zerstört; übrig blieben die drei Inseln Utholm, Everschop und Eyderstede, die später die Halbinsel Eiderstedt bilden sollten.

Auch enorme Mengen Sand waren zurückgeblieben; die Reste des alten Landes, die in den nächsten Jahrhunderten langsam nach Osten verschoben werden sollten. Die ständigen Bewegungen der Wanderdünen (einige von ihnen sind bis zu 40 Meter hoch) bedeuteten früher eine Bedrohung. So war es z. B. erforderlich, die frühere Ordinger Kirche um 1,5 km zu versetzen.

Der Sandstrand ist phantastisch, und wenn man sich entschließt über die 1022 Meter lange Holzbrücke zu gehen, wartet dort ein Erlebnis der besonderen Art.

Ein Erlebnis für sich ist nicht nur der Spaziergang über das breite Stück Strandwiese. Draußen, nach Westen hin, warten einige sonderbare Häuser, die auf ihren Stelzen hier draußen, wo Sturmfluten und Hochwasser ganz

1 *Pfahlhaus*
2 *Strandübergang*
3 *Touristen genießen die Herbstsonne*
4 *Westerhever Leuchtturm*
5 *Westerhever Kirche*
6 *Haubarg*

schön rütteln und schütteln können, völlig skurril wirken.

In St. Peter-Ording gibt es am Markt ein Wattenmeer-Informationszentrum.

Eiderstedter Heimatmuseum

Dieses Museum ist in einem Friesenhaus untergebracht. Dieser Baustil und auch die Haubarge können als typisch für Eiderstedt bezeichnet werden. Im Museum ist zu sehen, wie die Eiderstedter in früheren Zeiten lebten. Auch Informationen über Landgewinnung, Warften und Marsch und über die Lebensweise der Bauern und Fischer gibt es hier.

Westküstenpark, St. Peter-Ording

In diesem Naturerlebnispark kann man Vögel und alte Haustierrassen aus der Nähe beobachten.

Westerhever

Der hübsche Leuchtturm mit den zwei Leuchturmwärterhäuschen ist der bekannteste Deutschlands. Er hat eine Höhe von 41 Metern und wurde 1906/07 gebaut. Das auf trügerischem Grund ruhende Fundament besteht aus 127 gro-

Roter Haubarg

ßen Eichenstämmen, auf die ein 11 Meter dicker Betonsockel gegossen wurde.

Ein Spaziergang dorthin ist ein phantastisches Erlebnis. Ein Pfad mit Informationstafeln führt zum Leuchtturm hinaus. Man kann in dieser flachen Landschaft weit sehen, und es gibt hier gute Möglichkeiten, um Watt- und Meeresvögel zu beobachten. Man achte auf Gezeitenverhältnisse und Wetterlage.

Der nahe gelegene Ort Westerhever ist ein kleines Gemeinwesen mit nur 130 Einwohnern. Hier kann man sich an Haubargen satt sehen, u. a. findet sich hier die schöne, gut erhaltene Knutzenwarft von 1635. Der Turm der Kirche stammt aus dem 14. Jahrhundert.

Uelvesbüll

Die Kirche in Uelvesbüll stammt aus dem Jahr 1854. Ihre Vorgängerin aus dem 13. Jahrhundert fiel dem Meer zum Opfer. Mehrere Wehlen in der Nähe zeugen von früheren Deichbrüchen. Heute sind es kleine Biotope mit einer besonderen Vogel- und Kleintier-Welt.

Wester-Spätinge

Zwischen Uelvesbüll und Simonsberg liegt das Naturschutzgebiet Wester-Spätinge. Das Gebiet grenzt an einen Seedeich, und hier hat man, mit dem Wattenmeer im Rücken, eine herrliche Aussicht auf dieses kleine, abwechslungsreiche Wattengebiet mit einer üppigen Vogel- und Pflanzenwelt.

So wachsen hier u. a. seltene Orchideenarten. Wenn man Glück hat, kann man hier die Rohrdommel hören und den Kampfläufer sehen. In der Zeit der Vogelzüge, im Frühjahr und im Herbst, finden sich hier Myriaden rastender Vögel. Bei dem Schutzgebiet gibt es eine kleine Hütte, wo man Informationen bekommen kann.

Roter Haubarg

Nahe Witzwort liegt der Rote Haubarg, der nicht rot ist, sondern weiß – der berühmteste Haubarg von Eiderstedt.

Der Rote Haubarg ist das Werk des Teufels

Ein Knecht aus der Gegend um den Roten Haubarg hatte sich in die hübsche Tochter des Nachbarn verliebt, aber mit der armseligen Wohnung, die er hatte, war an Heirat nicht zu denken. Er musste einen Haubarg haben. Dafür gab der junge Mann der Sage nach seine Seele dem Satan selbst. Die Bedingung war, dass der Teufel den Haubarg in nur einer Nacht bauen sollte; noch vor dem ersten Hahnenschrei musste er fertig sein. In der Nacht kam der Böse, rückte das alte Haus weg und begann mit dem Bau eines mächtigen Haubargs mit 100 Fenstern.

Allmählich sah der junge Mann zu seinem Entsetzen, dass das Bauwerk fertig werden würde. Voller Verzweiflung weckte er seine zukünftige Schwiegermutter, um sie um Rat zu bitten. Als 99 Fenster fertig waren, lief sie hinaus in den Hühnerhof, packte den Hahn und schüttelte ihn, bis er krähte.

Der Teufel glaubte, dass die Nacht vorüber sei, und fuhr durch das letzte Fenster, in das noch kein Glas gesetzt war. Der Satan hatte die Wette verloren. Seitdem ist es niemandem gelungen, Glas in das Fenster des Teufels zu setzen.

Das Dach war früher rot, daher der Name. Nach einem Brand bekam der Haubarg ein neues Reetdach, aber der alte Name blieb.

Der von alten Bäumen umgebene Haubarg ist aufgrund seiner kolossalen Größe berühmt. Heute befindet sich ein Restaurant im früheren Wohnbereich.

Der erste Haubarg, 1647/48 gebaut, brannte 1759 nieder und wurde 1759 wieder aufgebaut.

Ein Haubarg, den man besuchen und von dem man sich beeindrucken lassen muss. Nicht zuletzt deshalb, weil man hier sehen kann, wie ein solch gewaltiges Gebäude konstruiert ist. Die Dachkonstruktion ist sichtbar und so berechnet, dass sie einer Sturmflut widerstehen kann. Die großen, tragenden Stämme ruhen nicht auf den Mauern, sondern stehen direkt auf dem Boden. Dadurch bleibt das Dach stehen, wenn die Mauern weggerissen werden sollten.

Im Viereck, der Scheune und dem Pferdestall, ist ein kleines Heimatmuseum eingerichtet, in dem man sich über Haubarge informieren kann und wo auch ein detailgetreues Modell des Roten Haubarg gezeigt wird.

Kotzenbüll

Die Kirche St. Nikolai liegt hoch auf einer Warft, umgeben von Wassergräben. Das Backsteingebäude ist aus dem 15. Jahrhundert und wurde im 19. Jahrhundert umgebaut. Die Kirchentür ist die älteste in Schleswig-Holstein. Auf dem Friedhof gibt es viele Grabsteine aus dem 16. und 17. Jahrhundert

DIE INSEL PELLWORM UND DIE ZEHN HALLIGEN

Die Fahrt mit dem Schiff nach Pellworm führt an der unbewohnten Hallig Südfall vorbei. Während der Fahrt gibt es gute Möglichkeiten, Seehunde zu beobachten. Weiter südlich liegen die Reste der sagenumwobenen Stadt Rungholt, die bei der „Groten Mandränke" unter dem Meer verschwand.

Vor der zweiten großen Flutkatastrophe des Jahres 1634 war Pellworm ein Teil einer großen, hufeisenförmigen Insel, die heute in Pellworm, Nordstrand, Hamburger Hallig und Nordstrandischmoor aufgespalten ist. Bei dieser Katastrophe ertranken etwa 6000 Menschen. Die Leute von Pellworm begannen jedoch schnell mit dem Deichbau, und schon drei Jahre nach der Katastrophe waren vier neue Köge geschaffen worden.

Pellworm liegt ca. 1 Meter unter dem Pegel des täglichen Tidehochwassers und ist vollkommen abhängig von robusten Deichen. Auf der 37 km² großen Insel, auf der rund 1250 Menschen wohnen, wird Landwirtschaft betrieben; die ältesten Höfe und Häuser stehen auf Warften inmitten der fruchtbaren Marsch.

Zum wirtschaftlichen Rettungsanker kann jedoch hier, wie auf den anderen Wattenmeerinseln, der Tourismus werden. Es bietet sich an, die Insel ohne Auto zu besuchen und mit dem Fahrrad zu erkunden. Leihmöglichkeiten sind auf der Insel vorhanden.

Die Alte Kirche St. Salvator

Pellworms größte Sehenswürdigkeit ist die Alte Kirche St. Salvator, mit ihrer alten Turmruine das Wahrzeichen der Insel. Der 26 Meter hohe Backsteinturm ist der Rest des ursprünglichen Turms aus dem späten 13. Jahrhundert. 1611 stürzte der Turm zusammen, wodurch er an seiner ursprünglichen Höhe von 55 Metern einbüßte.

Die Kirche ist eine der vier großen Kirchen, die in einem Abstand von 16,7 km auf der so genannten „Heiligen Li-

1 Meerdeich mit flachem Hinterland

2 Häuser auf extra hohen Warften

3 Alte Kirche

nie" liegen. Die drei anderen Kirchen finden sich auf Sylt/Keitum, auf Föhr/ Nieblum und auf Eiderstedt/Tating. In dieser Kirche sind u. a. ein dreiflügeliger Altar aus der Zeit von 1470–1480, ein Bronzetaufbecken von 1475 und nicht zuletzt die berühmte Arp-Schnitker-Orgel von 1711 zu besichtigen.

St. Crucis

Die neue Kirche, St. Crucis, stammt aus dem Jahre 1622 und wurde aufgrund von Brandschäden Ende des letzten Jahrtausends umfassend restauriert. Auf dem Friedhof gibt es ein Gräberfeld für unbekannte Seeleute, die auf der Insel an Land getrieben wurden.

Auf Pellworm gibt es das Inselmuseum; die hier ausgestellten Objekte zeugen vom Leben ganz gewöhnlicher Menschen auf dieser Insel in alten Zeiten. Im Museum Bahnsen sind Funde aus dem Wattenmeer ausgestellt.

Die Schutzstation Wattenmeer

Eine kleine Ausstellung mit Diavorführung informiert über das Wattenmeer. Die Schutzstation ist auch Ausgangspunkt für zahlreiche Exkursionen. Von hier aus werden auch Wattwanderungen angeboten. Schutzstation, Tel. (04844) 760.

Das Pellwormer Hybridkraftwerk

Europas größte kombinierte Anlage zur Gewinnung von Sonnenenergie und Windkraft. Weitere Auskünfte in einem Informationszentrum. Eintritt frei. Öffnungszeiten: April–Oktober, tägl. 9.30–18.00 Uhr. Tel. (04331) 182465.

Die Halligen

Man kann sie vom Festland aus gut sehen, aber am deutlichsten wird dieser seltsam traumhafte Anblick während der Fahrt mit dem Schiff nach Föhr und Amrum.

Es scheint, als ob die Häuser der Halligen und Höfe auf den Warften, die man sieht, direkt auf dem Wasser stünden. An einigen Stellen nur ein oder zwei Häuser auf derselben Warft, an anderen Stellen mehrere Häuser.

1 Gedenkstein an der alten Turmmauer

Hochdruck über den Azoren

Wenn in der Wettervorhersage Hochdruck über den Azoren und Tiefdruck über Schweden gemeldet wird und der Wind aus nördlicher Richtung kommt, dann bekommt man auf den fünf bewohnten Halligen viel zu tun. Die Tiere müssen hereingeholt und Türen und Fenster geschlossen werden. Durchschnittlich 40 Mal im Jahr heißt es „Land unter", wenn die Inseln, und oft auch die Warften und Häuser, unter Wasser stehen. Ganz schlimm aber kann es werden, wenn eine richtige Sturmflut kommt.
1962 sah es so aus, als ob diese Halligen gänzlich verschwinden sollten. Mauern wurden eingedrückt und Höfe zerstört. Man baute die Häuser mit einer verstärkten Konstruktion wieder auf. Außerdem wurden für die Versorgung der Bewohner Trinkwasser- und Stromleitungen verlegt.

Biikebrennen

Am 21. Februar, am Vorabend des Petri-Tages, wird das Biikebrennen veranstaltet, ein vermutlich alter heidnischer Brauch, eine Lobpreisung des Gottes Odin. Traditionell ist dies der Tag, an dem die Bauern das Ende des Winters feiern, aber auf den Nachbarinseln mit ihrer langen Seefahrttradition war es auch der Tag, an dem man feierlich von den Seeleuten und Walfängern Abschied nahm, die aufs Meer hinausfahren sollten. Dann gab es Kaffee und Kuchen, und es wurde Pharisäer getrunken und Grünkohl gegessen. Höhepunkt des Festes ist das Abbrennen riesiger Signalfeuer.

Früher hielt man die Halligen für Reste von Land, das das Meer verschlungen hatte. Heute glaubt man, dass dies nur bei der Hamburger Hallig und bei Nordstrandischmoor der Fall gewesen ist, die zu derselben großen Insel gehört haben wie Pellworm und Nordstrand.

Die anderen Halligen (Hallig bedeutet übrigens „nicht eingedeichte Insel im Wattenmeer") hält man für jüngere Ablagerungen auf Moorflachen oder für Moränenrücken (Geest) aus der letzten Eiszeit. Die Halligen sind also im Prinzip Ergebnis und Folge des Materials, das durch die Sturmfluten umhergetrieben und abgelagert wurde, sowie der ständigen Ablagerungen im Watt aufgrund der Gezeiten.

Oland

Die Hallig Oland mit einer Fläche von rund 117 Hektar hat etwa 30 Einwohner, die alle auf einer großen Warft leben, auf der 15 Häuser, eine Kirche, eine Schule und eine Gaststätte stehen. Auf der Warft findet sich auch ein Fething zum Sammeln von Regenwasser. Im Norden des Ortes steht ein kleiner, reetgedeckter Leuchttum. Oland ist mit dem Festland und mit Langeness durch einen Damm verbunden, auf dem ein Gleis für einen kleinen Schienenwagen verläuft. Der Damm steht nur für den Gütertransport und für die Bewohner der Halligen als Verkehrsverbindung zur Verfügung.

Langeness

Langeness ist die größte der Halligen. Sie ist fast 10 km lang und einen Kilometer breit, und hat eine Fläche von rund 980 Hektar. Hier leben etwa 100 Menschen auf 18 Warften.

Im Wattenmeerhaus auf der Peterswarft können sich Gruppen bis zu 18 Personen bis zu einer Woche aufhalten. Das Angebot reicht hier von Vorträgen und Wattwanderungen bis zu Vogelexkursionen und Touren in die Marsch. Tel. (04684) 2161.

Das Kapitän-Tadsen-Museum auf der Ketelswarft und die Friesenstube auf der Honkenswarft sind Museen, die vom Leben früherer Zeiten auf den Halligen erzählen. Darüber hinaus gibt es mehrere sehr gut erhaltene typische Hallighäuser.

Gröde

Die Hallig Gröde hat eine Fläche von 242 Hektar und 16 Einwohner, die hier verteilt auf zwei Warften leben. Es handelt sich um die kleinste Gemeinde Deutschlands. Wenn auch im Übrigen nicht sonderlich bekannt, so doch dafür, dass bei Wahlen von hier die ersten Resultate vorliegen. Diese drittgrößte Hallig wird auch als die typischste bezeichnet. Sie liegt vier Kilometer vom Festland entfernt und ist nur mit dem Schiff erreichbar. Jeden Tag, falls wetterbedingt möglich, legt hier das Postschiff an und bringt auch Lebensmittel und andere Dinge für den täglichen Bedarf.

Auf der Knutswarft liegen vier schöne, reetgedeckte Häuser; die Warft ist von einem Ringdeich neueren Datums umgeben. Von hier aus hat man Aussicht auf die großen, flachen und grünen Marsch- und Salzgraswiesen. Im Frühling rasten hier Tausende von Ringelgänsen. Wenn die Strandnelken blühen, bekommen die Salzgraswiesen eine schöne lila Färbung.

Hooge

Die Hallig Hooge ist mit rund 560 Hektar die zweitgrößte Hallig. Hooge ist durch eine Sturmflut entstanden, aber auch wiederholt von Sturmfluten verwüstet worden. Hier leben, auf zehn hohen Warften, etwa 120 Menschen. Die Häuser sind durch Betonmauern und einen flachen Sommerdeich extra geschützt. Aber nur zwei Meter über Mittlerem Hochwasser bedeutet schon „Land unter".

Hooge ist die vielleicht schönste Hallig, durchzogen von blauen Bändern, den Prielen, in all dem Grünen. Sie ist aber auch die Hallig, die am stärksten vom Tourismus geprägt ist. Hier gibt es mehrere Restaurants, und am Hafen kann man sich Fahrräder leihen.

Die Hooger Kirche stammt von 1642 und ist somit nicht sonderlich alt. Aber sie steht nicht nur auf den Überresten ihrer 1362 zerstörten Vorgängerin, sondern birgt auch viele Gegenstände aus den Kirchen, die von den Sturmfluten verschlungen wurden. Man rettete, was gerettet werden konnte, und die Kostbarkeiten in der Kirche waren u. a. wohl das Wichtigste, wenn eine Sturmflut drohte.

Auf der Hanswarft ist zu besichtigen, wie ein reicher friesischer Mann auf einer Hallig im 18. Jahrhundert lebte. Das Haus von Kapitän Tade Hans Bendiks ist nicht allein aufgrund seines schönen Interieurs berühmt geworden, sondern auch wegen der gekachelten und reich ausgestatteten großen Stube, des sog. Königspesels.

Dieser Name ist dem Umstand zu verdanken, dass der dänische König Frederik VI. hier einmal übernachtete. Er war auf einer Rundreise zu den Halligen, um die durch eine heftige Februar-Sturmflut verursachten Schäden zu besichtigen.

Im Heimatmuseum auf der Hanswarft sind u. a. Funde ausgestellt, die von früheren Ansiedlungen im Wattenmeer stammen. Im Wattenmeerhaus gibt es ein Infozentrum und eine ökologische Werkstatt. Hier können Kinder und Erwachsene zusammen mit Lehrkräften die interessante Ökologie des Wattenmeergebiets erforschen und daraus lernen. Auch Touren mit Führung werden hier angeboten, u. a. nach Japsand und zu einer anderen Hallig, Norderoog.

Ausflugsziele
Ab Husum: Neue Pellwormer Dampfschifffahrtsgesellschaft, Tel. (04844) 753
Seehundsbänke
Südfall
Seehundsbänke/Pellworm
Südfall/Pellworm
Gröde

Ab Nordstrand:
Pellworm

Ab Nordstrand: Adler Schiffe, Tel. Amrum (04842) 268.
Sylt
Hooge
Nordstrandischmoor
Gröde
Seehundsbänke

Ab List: Adler Schiffe, Tel. (04651) 98700
Hoyer, Højer
Seehundsbänke zwischen Röm und Sylt

Ab Schlüttsiel: Hauke Haien, Tel. (04841) 81481 und Rungholt, Tel. (04667) 367
Oland
Gröde
Langeness
Hooge

Ab Dagebüll: Wyker Dampfschiffs-Rederei, Tel. (04682) 80147
Amrum
Föhr
Hooge
Langeness
Sylt (über Föhr und Amrum)

Nordstrandischmoor

Die Hallig Nordstrandischmoor ist ein Rest der zerstörten ehemaligen Insel Strand. Hier leben auf 175 Hektar etwa 27 Menschen. Die Grabsteine auf dem Friedhof sind umgestürzt. Ursache hier-

Rundfahrt durch das nordfriesische Wattenmeer
Es gibt eine Vielzahl von Möglichkeiten, um in das nordfriesische Wattenmeer zu kommen. Zum weitaus größten Teil auf Ausflugsschiffen, wobei Halligfahrten mit einem kurzen Aufenthalt über Angeltouren bis hin zu den vielen Seehundsbänke angeboten werden.

Einen eigentlichen Linienschiffsverkehr gibt es nur ab Dagebüll über Föhr, Amrum nach Hooge und Langeness, ab Schlüttsiel nach Langeness über Hooge und von Strucklahnungshörn auf Nordstrand nach Pellworm.

für ist, dass es, öfter als auf den anderen Halligen, auf Nordstrandischmoor an die 50 Mal im Jahr „Land unter" heißt. Der feuchten und salzigen Umwelt verdankt die Hallig die schönen, abwechslungsreichen Salzgraswiesen, und es gibt hier viele Meeres- und Wattvögel.

Nordstrandischmoor ist mit Nordstrand durch einen drei Kilometer langen Damm verbunden, der nur für die Halligbewohner und für den Transport von Material für den Küstenschutz zur Verfügung steht. Von März bis Oktober werden jedoch Ausflüge von Nordstrand aus angeboten.

Hamburger Hallig

Die Hamburger Hallig lässt sich schwerlich als richtige Hallig bezeichnen. Sie ist seit 1859 durch einen Damm mit dem Festland verbunden, auf dem man gehen, Rad fahren und – sehr vorsichtig – mit dem Auto fahren kann. Eine – wie man hier sagt – „Straße der Höflichkeit". Durch die Verschlickung auf beiden Seiten des Damms hat sich die Hallig im Laufe der Zeit zu einer Halbinsel mit einer Fläche von rund 110 Hektar verformt.

Seit 1930 steht die Hamburger Hallig unter Naturschutz. Eine Radtour vom Sönke-Nissen-Koog zur Hamburger Hallig bietet ein großartiges Naturerlebnis. Ein Pfad mit Schildern, die über das Pflanzenleben informieren, bietet die Möglichkeit, größeren Nutzen aus der Tour durch das unbewirtschaftete Vorland zu gewinnen.

Das ganze Jahr über gibt es hier viele Vögel, auch eine Vielzahl seltener Arten. Von Deichen, Warften und von dem Durchgangsweg aus kann man im Sommer unzählige Nistvögel und Futter suchende Vögel beobachten, und im Frühling und Herbst gibt es hier Tausende von Zugvögeln. Die Weißwangengans tritt zu Zehntausenden auf. Information: NSG, Tel. (04671) 6268.

Habel

Die Hallig Habel ist die kleinste Hallig, ein drei Hektar großes unbewohntes Naturschutzgebiet. Der Zutritt ist verboten.

Norderoog

Dieses neun Hektar große Vogelschutzgebiet westlich von Hooge wird nur den Sommer über von einem Aufseher bewohnt, der den riesigen Brutplatz beaufsichtigt. Außerhalb der Brutzeit ist es möglich, nach Norderoog zu kommen, indem man von Hooge aus an einer fünf Kilometer langen Wattwanderung mit Führung teilnimmt.

Süderoog

Vogelschutzgebiet mit einer Fläche von 62 Hektar.

Südfall

Unbewohnt. Fläche: 57 Hektar. Dieses Naturschutzgebiet kann von Nordstrand aus mit einem Pferdewagen besucht werden. Tel. (04842) 300.

DIE REGION BREDSTEDT

Vom großen Sendemast auf dem Stollberg bekommt man einen hervorragenden Eindruck von dem flachen Land, wo Koog um Koog, Deich um Deich die Grenze zum Meer ständig weiter nach Westen vorgeschoben hat. Es ist die einzige Stelle an der gesamten Küste von der Eider bis zur Grenze, an der die Geest bis ans Meer reicht. Bei Schobüll ist daher eine Sicherung durch Deiche nicht erforderlich.

Hier gibt es viel zu sehen. Die Geschichte der Eindeichung ist einmalig, und in deren Folge sind einige Vogelgebiete von europäischer Sonderklasse entstanden. Der Hauke-Haien-Koog und der Beltringharder Koog sind die Stellen, wo es es sich gar nicht vermeiden lässt, dass man eine Unzahl von Vögeln zu Gesicht bekommt.

Hier sind auch die vielen Halligen mehr oder weniger an das Festland gebunden, und die Aussicht von den Deichkronen bietet oft ein Panorama, das einen wirklich begreifen lässt, wie eigen und ungewöhnlich, schön und hart es sein muss, in diesem flachen Land zu leben. Wenn man am Geestrand steht, der praktisch die B 5 entlang führt, bekommt man einen guten Eindruck davon, was den Schriftsteller Theodor Storm zu seinen Erzählungen inspirierte.

Bredstedt

Bredstedt, das 1900 seine Stadtprivilegien erhielt, war bis dahin eine kleine Ortschaft gewesen. Heute leben hier 4600 Menschen, und man sollte unterwegs einen Abstecher hierhin machen, nicht zuletzt deshalb, weil Bredstedt ein Zentrum der nordfriesischen Kultur ist. In der Süderstraße liegt das Nordfriesische Institut.

Im Zentrum der sich in die Länge ziehenden Stadt befindet sich der Marktplatz. Hier, Am Markt, ist auch die Alte Apotheke, ein schönes Haus mit Walmdach und Gesimsfriesen. Das Haus stammt von 1611 und ist nicht das einzige bemerkenswerte historische Gebäude der Stadt.

1 *Markt mit Rathaus*
2 *Das Naturzentrum*

Die spätgotische Backsteinkirche hat einen Chor aus dem Jahr 1511; das Kirchenschiff stammt von 1510 und das hölzerne Taufbecken von 1599. Letzteres wird von Holzfiguren getragen, die die Evangelisten darstellen. Auch der Friedhof mit schönen Grabsteinen aus dem 16. bis 18. Jahrhundert ist sehenswert.

Das Naturzentrum Bredstedt

Nach einem großen Arbeitseinsatz vieler Freiwilliger wurde 1976 das große Naturzentrum in Bredstedt eröffnet.

Es gibt hier Dioramen, Schautafeln und Fotos, die die typischsten Landschaftsformen Nordfrieslands zeigen. Hier gibt es Informationen über Geest, Wald, Heide, Moor und Süßwassergebiete und nicht zuletzt über das Wattenmeer und die Halligen. Von hier aus werden Rad-, Wander- und Watttouren arrangiert. Tel. (4671) 4555.

1 Blick auf die Hallig
2 Schlüttsiel
3 Der Bongsieler Kanal
4 Blick vom Hauke-Haien-Koog
5 Bongsieler Krog
6 Dorfwarft in Ockholm

Schlüttsiel

Wo es Häfen und Schleusen gibt, da ist auch was los. Man fährt auf der Straße neben dem neuen, großen Deich durch die flache Landschaft, wobei man nur ahnen kann, was sich auf der anderen Seite befindet. Und plötzlich ist da ein großes Bauwerk in der Schleuse, das Sperrwerk.

Das 26 Meter breite Sperrwerk Schlüttsiel mit seinen vier Toren öffnet und schließt sich, je nach Ebbe und Flut, automatisch, sodass das Süßwasser des Bongsieler Kanals und der Lecker Au ins Meer geleitet werden kann. Sollten die Schleusen bei einer Sturmflut die Tore geschlossen halten, kann das 700 Hektar große Wasserreservoir hinter den Deichen das Wasser aufnehmen. Vom kleinen Hafen von Schlüttsiel aus kann man nach Amrum, Hooge und Langeness kommen. Von hier aus werden auch Ausflüge veranstaltet.

Bei klarem Wetter bietet sich eine beeindruckende Aussicht über das Wattenmeer. Von Süden nach Norden kann man die Hamburger Hallig, Habel, Gröde, Hooge, Langeness, Oland, Wyk und Dagebüll sehen.

Hauke-Haien-Koog

Lecker Au und Soholmer Au, die auf dem letzten Stück ihres Weges zum Wattenmeer im Bongsieler Kanal zusammenfließen, entwässern insgesamt eine Fläche von 72000 Hektar. Bis 1959 wurde das Wasser durch die Schleuse bei Bongsiel hinausgeleitet. 1947 blieben die Schleusen wegen Packeis mehrere Tage geschlossen, die Flussdeiche brachen und Herrenkoog wurde überschwemmt. 1954 brachen die Flussdeiche erneut, und auf einem

großen Gebiet wurde die Ernte zerstört.

Es musste etwas getan werden. Man entschied sich, ein Reservoir anzulegen, das das Flusswasser außerhalb der bestehenden Deiche sammeln konnte, und baute eine neue Schleuse, 3 km ins Wattenmeer vorgeschoben; beim Bau der Deiche, die sich an der Schleuse trafen, begann man im Süden von Ockholm aus und im Norden von Lütte Jenswarft. 1958/1959 war der neue Deich fertig, durch den eine Fläche von 1200 Hektar eingedeicht wurde. 500 Hektar davon wurden landwirtschaftliche Nutzfläche, das übrige Gebiet wurde zu einem riesigen Reservoir, das sich in der Folgezeit als einzigartiges Vogelgebiet erweisen sollte.

Der neue Deich – 7 km lang und 136 Meter breit – hat seit 1963 eine Höhe von 8,40 Meter über NN.

Auch wenn die Brüche der Flussdeiche in den Jahren 1947 und 1954 Mühe und Verdruss und wirtschaftliche Einbußen bedeuteten, so trugen die daraus resultierenden kleineren Überschwemmungen in gewisser Weise dazu bei, die große Katastrophe zu verhindern. Wäre der neue Deich nicht gebaut worden, hätte die große Sturmflut 1962 den alten Deich zerschmettert. Die Überschwemmung hätte bis Niebüll gereicht.

Der Hauke-Haien-Koog ist zu einem interessanten neuen Naturgebiet geworden. Zwar sind diese 1200 Hektar für die Einwirkungen der Gezeiten verloren, aber Ackerland ist daraus nicht geworden.

Unterschiedliche Vogelarten fanden hier für einige Jahre Brutplätze, um dann von anderen Arten abgelöst zu werden. Die Flora verändert sich schrittweise, einige Pflanzenarten verschwinden langsam, andere entwickeln sich zu ortstypischen Pflanzen. Auf dem Deich und auf dem Weg bietet sich eine hervorragende Aussicht auf die Vögel; es sind Tafeln aufgestellt, auf denen in Text und Bild über die hier zu sehenden Vögel informiert wird.

Eine schöne Rad-/Wandertour (rund 7 km) ist die Strecke zwischen den beiden Reservoirs. Man folge dem Ockholmer Naturwanderweg rund um das südliche Reservoir und besuche die für ihre

Aale berühmte Gaststätte Bongsieler Krog.

Direkt südlich vom Hauke-Haien-Koog liegt der Sönke-Nissen-Koog.

Sönke-Nissen-Koog

Reußenkoog und Luisen-Reußen-Koog stammen aus den Jahren 1788 bzw. 1800. 1922 war neues Vorland für die Eindeichung reif, und ein Friese, der in Südafrika als Besitzer von Diamantminen und durch den Bau von Eisenbahnen ein Vermögen verdient hatte, bot sich als Finanzier an.

In diesem neuen Koog von 1300 Hektar allerbesten Ackerlandes liegen die Bauernhöfe in Reih und Glied. Die Höfe sind nach den Städten benannt, an denen Sönke Nissens Eisenbahn vorbeifuhr; die Dächer aller Höfe sind grün.

Interessiert man sich für die Veränderungen und für die Flora und Fauna in einem schnell wachsenden Vorland, dann ist das Gebiet vor den Deichen vom Sönke-Nissen-Koog der richtige Platz dafür. Der Zuwachs an neuem Land ist hier sehr erheblich, und durch die neuen Abkommen zwischen Holland, Deutschland und Dänemark über die Wattenmeerregion wird sich das Gebiet sicherlich in Frieden entwickeln können.

Hier gibt es auch in großer Anzahl Vögel, die hier brüten. Im Frühling und im Herbst aber rasten hier die vielen Zugvögel, die den Vogelfreunden imponieren und diese anlocken. In der Zeit der Vogelzüge sind u. a. bis zu 50000 Gänse zu beobachten, darunter Ringelgänse und Brandgänse, aber auch Silbermöwen, Heringsmöwen, Lachmöwen, Seeschwalben, Stockenten, Pfeifenten, Austernfischer, Säbelschnäbler, Regenpfeifer, Rotschenkel sowie kleinere Vögel, wie z. B. die Ohrenlerche.

Der Stollberg

Wenige Kilometer nördlich von Bredstedt, in der Nähe von Bordelum, bietet sich die einzigartige Möglichkeit für einen großen Überblick über Halligen, Wattenmeer und Marsch. Auf dem Stollberg, der 44 Meter aus der Landschaft ragt, steht ein 108 Meter hoher Sendeturm. In einer Höhe von 22 Meter gibt es eine kleine Aussichtsplattform. Der Zutritt durch einen Türautomaten kostet 1 DM.

Die Aussicht hier gehört zu den phantastischsten in ganz Nordfriesland, und man kann die ganzen Reihen der Köge und Deiche sehen; zunächst Bor-

1 Sönke Nissen Koog mit typischem Bauernhof
2 Stollberg
3 Nordstrand, Häuser auf dem Deich

Theodor Storm

Hauke Haien ist die Hauptperson in Theodor Storms berühmtem Werk „Der Schimmelreiter". Diese dramatische Erzählung war seine letzte; sie erschien 1888, vier Monate nach seinem Tod. Der Hauke Haien im Roman hat nichts mit der Lage vom Hauke-Haien-Koog zu tun; der Schauplatz ist etwa in der Hattstedter Marsch in der Nähe von Husum anzusiedeln.

„Der Schimmelreiter" ist eine Mischung aus Sagenwelt, Aberglauben und realen Lebensbedingungen in Marsch und Wattenmeer. Im Vergleich zu unserer heutigen hektischen Art ist dies ein Roman, in dem Gefühle nicht gezeigt werden, und in dem alles seine Zeit braucht, sehr viel Zeit.

„Der Schimmelreiter" gibt Einblick in das harte Leben am Rande der Marsch, die ständige Mühsal mit der Instandhaltung der Deiche, die Landgewinnung und nicht zuletzt in die Angst vor der Sturmflut.

Bevor man nach Nordfriesland reist, ist es gut, sich dieser Beschreibungen der Natur in diesem flachen Niemandsland zu erinnern – in dem innerhalb kurzer Zeit aus dem flachen, sonnenbeschienenen und blubbernden Watt bei Ebbe ein sturmgepeitschtes, graues Meer werden kann, das an den Deichkronen leckt.

Der Roman folgt Hauke Haiens Leben als junger Knecht bis zu seinem gewaltsamen Tod.

Hauke lebt und stirbt für die Deiche, die er als einen Organismus ansieht. Er führt neue Ideen in den Deichbau ein, Ideen, die auf menschliche Trägheit und alten Aberglauben stoßen. „Der Schimmelreiter" Husum Verlag, 11. Auflage 1999.

delumer Koog von 1489, dahinter der Reußenkoog von 1788, Sönke- Nissen-Koog von 1926, und etwas südlicher der Beltringharder Koog von 1987. Auch die Halligen und Pellworm sind zu sehen, und nachts kann man die Leuchttürme von Westerhever, Amrum und Föhr erkennen.

Nördlich von Bordelum liegen die Stollberger Heide und die Bordelumer Heide. Bester Ausgangspunkt für eine Wanderung ist der Parkplatz an der B 5.

Die Backsteinkirche von Bordelum stammt aus dem 13. Jahrhundert und hat einen kleinen, freistehenden Glockenturm aus Holz. In der Kirche sind u. a. ein dreiflügeliger Altar mit Malereien und eine hölzerne Kanzel von 1633 zu sehen.

Nordstrand

Nordstrand ist einer der größeren Teile der alten Insel Strand, die durch die Sturmflut 1634 zerspalten wurde. Zurück blieben zwei Halligen sowie Pellworm und Nordstrand, das seit 1935 durch einen Damm mit dem Festland verbunden ist.

Eine Spazierfahrt vom Damm aus nach Westen führt durch die verschiedenen Köge. Für die Bauarbeiten am Morsum Koog waren 1866 1200 Männer mit Schaufeln und Schubkarren sowie 150 Pferdegespanne erforderlich. Ein anschauliches Bild vom Deichbau vermittelt die Lektüre von Storms „Schimmelreiter".

Nordstrand hat eine Fläche von 49 km^2 und rund 2500 Einwohner. Über die beiden Sandstrände hinaus gibt es verschiedene Grünstrände. Will man nach Pellworm, so verkehrt mehrmals täglich eine Fähre von Strucklahnungshörn. Von hier aus gibt es auch Möglichkeiten für verschiedene Ausflüge ins Wattenmeer.

Nordstrand bietet reichlich Möglichkeiten für Vogelbeobachtungen. Ganz in der Nähe des Kurzentrums in Norder-

1 Das Restaurant Halligblick
2 Beltringharder Koog
3 Do – Vogelposten
4 „Fünf Wassersteine“
5 Die Kirche von Schobüll

Pharisäer-Kaffee

Wenn der Westwind kalt herüberweht, der das graue Meer zu schaumgekrönten Wellen aufpeitscht, könnte man durchaus etwas Warmes brauchen – z. B. einen Pharisäer. Ein Getränk, das aus Kaffee, einem guten Schuss Rum, Zucker und Schlagsahne besteht und von den Nordstrandern sehr geschätzt wird. Man erzählt sich, dass es einst auf der Insel einen Pfarrer gab, der strikt gegen stärkere Getränke als Kaffee war. Aber da Pfarrer ja oft bei Familienfeiern dabei waren, löste man dieses Problem, indem man oben auf das Getränk reichlich Schlagsahne gab, sodass der Pfarrer nicht sehen konnte, was sich darunter verbarg. Eines Tages, als bei einem Fest die Stimmung ihren Höhepunkt erreicht hatte, ging dieser Trick schief: der Pfarrer hatte einen der Becher bekommen, in denen auch Rum war. Da rief er laut aus: „Oh, Ihr Pharisäer!“

hafen liegt ein Natur-Info-Zentrum, das täglich von 9.30 bis 16.30 geöffnet ist.

Beltringharder Koog

Die Pläne für die Eindeichung vom Beltringharder Koog lösten große Diskussionen aus.

Sie liefen darauf hinaus, ob man die alten Deiche verstärken oder die gesamte Nordstrander Bucht eindeichen sollte, insgesamt 5600 Hektar. Man entschied sich für eine Zwischenlösung, der zufolge 3400 Hektar eingedeicht wurden; ein sehr großer Teil dieser Fläche sind heute Salzwasserseen oder Süßwassergebiete. Der 1987 eingedeichte Koog ist das zweitgrößte Schutzgebiet in Schleswig-Holstein.

Der Koog verändert sich ständig und gehört zu den besten Vogelgebieten im Wattenmeer. Zahllose Vögel haben hier ihre Brutplätze; im Frühling und im Herbst rasten Zehntausende von Zug-

vögeln, die in dieser üppigen Speisekammer Nahrung finden.

Der neue Deich ist an der Basis 100 Meter breit und hat eine Höhe von 8 Metern über NN. Er bietet 8000 Menschen Schutz. Es gibt zwei Schleusen: Holmer Siel, wo die Arlau mündet, und Lüttmoor Siel, das Salzwasser in den Salzwassersee fließen lässt. Beim Holmers Siel gibt es ein Kunstwerk von Ulrich Lindow: Fünf Wassersteine.

Schobüll

Dieser Ort ist schon sehr ungewöhnlich. Keine Deiche und keine Marsch, aber Watt, Vorland und dann plötz-licher Anstieg auf bis zu 20 m Höhe und unmittelbar im Hinterland ein kleiner, naturbelassener Wald. Hier gibt es fünf Kilometer lange gute, solide Drumlin-hügel (Moränenhügel). Die Küstenlinie ist alt, sie hat vielen Sturmfluten getrotzt, auch wenn einige Stücke abgenagt worden sind.

Die Kirche, die ursprünglich viel weiter im Landesinneren stand, wurde zur „ecclesia sub mare", der kleinen Kirche am Meer, als 1362 die Sturmflut die davor liegenden Dörfer wegriss. Die aus dem 13. Jahrhundert stammende Kirche hatte ursprünglich einen sehr hohen Turm, der auch als Seezeichen diente. 1780 stürzte der Turm zusammen und wurde 1785 durch den heutigen, starken Turm ersetzt, der der kleinen Kirche ein solides und wuchtiges

Aussehen verleiht. Hier sind u. a. schöne Holzschnitzereien zu besichtigen, ein schön geschnitzter Himmel über dem Taufbecken und ein Altar von 1470.

Zwischen dem Campingplatz und dem Nordstrand-Deich ist ein Pfad mit Schildern angelegt, die über das Tier- und Pflanzenleben in der Marsch informieren. Im Hinterland liegt der Schobüller Wald, ein naturbelassener Wald. Durch den Wald führt ein zwei Kilometer langer Weg mit Informationsschildern.

AMRUM UND FÖHR

Die beiden nordfriesischen Inseln liegen dicht beieinander. Sie waren einst eine landschaftliche Einheit, woran man erinnert wird, wenn man eine Wattwanderung zwischen dem westlichen Föhr und dem nördlichen Amrum unternimmt. Bei Ebbe kann man bei normalen Gezeitenverhältnissen in ein paar Stunden die Strecke zwischen den beiden Inseln durchwaten.

Die Fähre zu den beiden Inseln geht von Dagebüll aus. Bei gutem Wetter kann man auch die Vogelwelt und vielleicht Seehunde beobachten.

Trotz einer zum Teil gemeinsamen Geschichte sind die Inseln sehr verschieden. Amrum, die schützend vor Föhr liegt, besteht aus einem alten Geestkern in der Mitte, vielen Sandstränden und einer kleinen Marsch an der Ostküste. Föhr besteht zu zwei Dritteln aus Marsch.

1 *Wittdün*

2 *Strandkörbe warten auf ihren Einsatz*

Amrum

Der direkte Weg vom Festland nach Amrum führt von Dagebüll über Wyk auf Föhr zu Amrums derzeitigem Hauptort, Wittdün. Eine Schifffahrt von ca. 2 Stunden. Das Einlaufen an sich ist ein merkwürdiges Erlebnis. Der Ort wirkt kompakt, fast wie eine Seefestung, umgeben von einer drei Meter hohen Steinmauer, die Schutz vor dem Meer bietet. Auf dem Weg in den Hafen muss der Kapitän sein Vertrauen u. a. in große Äste – Stangenseezeichen – setzen, die in das niedrige Wasser gerammt wurden, um die äußerst enge Fahrrinne zu markieren.

Amrum ist eine sehr spezielle Insel. Die lang gestreckte Insel hat eine Fläche von ca. 20 km^2, dazu kommt der 10 km^2 große Kniepsand, der wie eine riesige Sandbank vor dem eigentlichen Badestrand liegt. Die Mitte der Insel ist eine von Wald bedeckte Geest mit Heidelandgebieten. Westlich gibt es weite Dünenlandschaften, und ganz im Westen weit reichende, herrliche Sandstrände.

Die Ostseite der Insel besteht aus etwas Ackerland, Salzwiesen und Marsch. Der nördlichste Teil steht unter Naturschutz; hier hat sich eine lang gestreckte Landzunge gebildet. Auf der Insel gibt es fünf Dörfer: Norddorf, Nebel, Süddorf, Steenodde und Wittdün. Hier leben etwa 2000 Menschen, eine Zahl, die sich in der Touristensaison versechsfachen kann.

Die Insel ist schon seit vielen Jahrhunderten bewohnt. Eine der Folgen ist ein hoher Bestand an Wildkaninchen, von denen man annimmt, dass sie während der Wikingerzeit oder im frühen Mittelalter als Jagdwild ausgesetzt wurden. Überhaupt gibt es hier viele Denkmäler aus der Vorzeit und Spuren aus dem Mittelalter.

Natürlich sind die breiten Badestrände und die frische Luft das, was die Touristen – vorwiegend Deutsche – anzieht. Es gibt hier viele Kuren mit gesunder Ernährung, Salzwasserluft und salzigem Meerwasser.

Die Insel eignet sich gut für Wanderungen, und ganz besonders für Radtouren. Wenn man kein eigenes Fahrrad hat, kann man sich eins leihen. Schon im Hafengebiet gibt es verschiedene kleine Läden mit Dutzenden von Fahrrädern guter Qualität. Auch das Bussystem der Insel funktioniert einwandfrei, und ein Tagesticket ermöglicht das Aus- und Einsteigen so oft man möchte. Also lasse man das Auto ruhig stehen.

Nebel

Der Name hat nichts mit dem Nebel an sich zu tun. Nebel bedeutet ursprünglich „neue Bebauung", wie auch bei Niebüll und Nieblum auf Föhr. Nebel liegt im mittleren Teil der Insel, mit Marsch und Watt an der Ostseite und Wald und Dünenlandschaft im Westen. Das Dorf mit seinen 1100 Einwohnern ist mit vielen äußerst gut erhaltenen alten Häusern und sehr gepflegten Gärten sehr idyllisch. Dies sieht man besonders um die St. Clemens-Kirche aus dem 13. Jahrhundert.

Ein kleines, aber gutes Heimatmuseum befindet sich in dem alten Kapitänshaus von 1736. Der Amrumer Verein Öömrang Ferian, der die friesische Kultur (besonders auf Amrum) erforscht und bewahrt, hat ein kleines, sehenswertes Museum eingerichtet, das den Alltag der vergangenen Jahrhunderte in unverfälschtem Ambiente zeigt.

Die St. Clemens-Kirche

Die Kirche, eine der ältesten Nordfrieslands, stand auf einem nackten Acker, bis Nebel im 16. Jahrhundert wuchs. Die Kirche ist mit ihren weiß gekalkten Mauern und dem Reetdach etwas Besonderes für diese Gegend. Zumeist sind die Kirchen – wie auf Eiderstedt und Föhr zu sehen – Backsteinkirchen. Der neoromanische Turm wurde 1906–08 an die Kirche gebaut.

In der Kirche kann man u. a. einen dreiteiligen Altar mit Inschriften und ein Renaissancegemälde von 1634 besichtigen. Das spätgotische Kruzifix stammt aus dem 15. Jahrhundert; das Taufbecken datiert man zurück in die Zeit, als die Kirche errichtet wurde. Die drei Lüster sind Geschenke der Grönlandfahrer.

Um die Kirche herum gibt es einen interessanten Friedhof. Hier sieht man viele der für die Gegend typischen Kapitänssteine. Jeder Stein enthält eine Lebensgeschichte von Seeleuten aus dem 17.–18. Jahrhundert. Einer von ihnen war Hark Olufs, der im Alter von 15 Jahren von algerischen Piraten gefangen genommen und versklavt wurde. Elf Jahre lang diente er unter algerischen Herrschern und brachte es bis zu einem hohen Militärposten. Als 27-Jähriger kehrte er mit einem großen Vermögen heim nach Amrum und blieb auf den Inseln bis zu seinem Tod im Alter von 46 Jahren.

Am südlichen Ortsausgang von Nebel steht eine prächtige holländische Mühle, bei der sich lediglich die Haube dreht – im Gegensatz zu früheren Mühlentypen, bei denen das gesamte Mühlhaus gedreht werden musste, damit die Flügel im Wind standen. Die reetgedeckte, sehr hübsche Mühle von 1771 war bis 1964 in Betrieb und ist immer noch funktionstüchtig. Heute ist der frühere Lagerraum ein Heimatmuseum, in dem es u. a. Informationen über Vogelkojen auf Amrum gibt.

Zwischen Nebel und Norddorf, ca. 1 km westlich der Hauptstraße, kann man eine stillgelegte Vogelkoje besichtigen. Von 1866 bis 1936 wurden hier ungefähr eine halbe Million Enten gefangen. Heute befindet sich hier ein Brut- und Rastplatz für verschiedene Vogelarten, darunter die Graugans.

Norddorf

Das Dorf lebt ausschließlich vom Tourismus. Hier gibt es kein altes, dörfliches Milieu mit reichen Friesenhäusern. 3000 Gästebetten stehen hier für die sonnen- und salzwasserhungrigen Kurgäste und Touristen bereit.

Im Naturzentrum beim Schwimmbad wird über die spezielle Pflanzen- und Tierwelt und über das Wattenmeer als Naturschutzgebiet informiert. Außerdem gibt es Ausstellungen zur Strand-

und Dünenflora und zur Tierwelt der Insel.

Von der Treppe zum Naturzentrum aus kann man über die Marschweiden und den Deich, das Watt vor dem Deich und in Richtung Westen zu den großen Dünen schauen.

Die Nordspitze Amrums

Die Landzunge steht seit 1936 unter Naturschutz. Zwischen April und August ist es verboten, das Gebiet zu betreten, man darf jedoch am Rand des Wassers entlanggehen. In den Sommermonaten gibt es Naturführungen durch das Gebiet. Man kann hier verschiedene Möwenarten, Austernfischer, Regenpfeifer, Zwergseeschwalben, Küstenseeschwalben und Eidervögel beobachten. Treffpunkt ist die Vogelwärterhütte an der Wattenmeerseite/Ostseite.

Treffpunkt für diejenigen, die eine tolle Wanderung quer durch das Watt nach Dunsum auf Föhr erleben wollen, ist eine Stelle etwas südlich der Vogelwärterhütte. Die Touren werden von kundigen Wattführern geleitet, die die Niederungen und Priele und die merkwürdigen Umwege kennen, die man manchmal gehen muss.

Man sollte nie allein gehen – es wäre lebensgefährlich. Ein plötzlich aufziehender Nebel macht die Orientierung schon wenige Meter von der Küste entfernt unmöglich.

Und während die Zeit damit vergeht, immer im Kreis zu waten, nähert sich die nächste Flut.

Der Leuchtturm

Als Wahrzeichen der Insel und höchster Leuchtturm an der deutschen Küste ist er leicht zu erkennen. Bis 1952 war der Turm rot. Der mehr als 100 Jahre alte, 42 Meter hohe Leuchtturm steht auf einer hohen Düne. Die Strahler mit einer Stärke von 2000 Watt in einer Höhe von 66 Metern sind in einem Umkreis von 42 Kilometern zu sehen.

Von April bis Oktober (Mo–Fr 8.30-12.30 Uhr) ist der Leuchtturm öffentlich zugänglich, wenn man genügend Ausdauer hat, die rund 300 Treppenstufen vom Fuß der Düne bis hinauf zur Turmspitze zu bewältigen. Der Lohn für die Mühe ist bei klarem Wetter eine Aussicht bis zu den Halligen, bis Föhr und nach Norden bis Sylt. Von hier aus sind auch deutlich die vielen Landschaftsformen von Amrum zu erkennen: Hochsand, Strand, Düne, Wald, Heide, Acker und Marsch-Watt.

1 Die St. Clemens-Kirche
2 Holländermühle
3 Amrums Leuchtturm

Wittdün

Wittdün ist das Tor zu Amrum. Hier müssen alle hindurch, wenn sie die Insel erleben wollen.

Am bemerkenswertesten ist, dass Wittdün an drei Seiten von einem kompakten Mauerwerk von 1919–1921 umgeben ist, das die Stadt vor Unterspülung durch Meeresströmungen schützt. Man kann einen Rundgang entlang der Mauer unternehmen; hier bietet sich eine gute Aussicht auf das Meer, das Watt, Föhr, die charakteristischen Umrisse der Halligen und den breiten Kniepsand.

In der Nordseehalle in Wittdün befindet sich ein Naturzentrum.

Wriakhörn

Direkt im Westen von Wittdün liegt der 1977 künstlich angelegte Dünensee Wriakhörn. An der Nordseite des Sees hat man einen Naturlehrpfad angelegt. Der 15 Hektar große Süßwassersee ist ein El Dorado für Vögel, und man kann hier Graugänse, Stockenten, Teichhühner, Blässhühner, Eidervögel, Teichrohrsänger und viele verschiedene Möwenarten beobachten.

Föhr

Jede der nordfriesischen Wattenmeerinseln hat ihr eigenes, typisches Erscheinungsbild. Das gilt auch für Föhr, die eine Insel von ganz anderer Art ist, auch wenn man von hier aus Amrum zu Fuß durchs Watt erreichen kann. Die Entfernung der 86 km² großen Insel zum Festland beträgt nur 6 km.

Man kann sie die ganze Zeit während der Überfahrt von Dagebüll sehen, aber trotzdem ist das Bild diffus. Lange Zeit ist man sich nicht darüber im Klaren, ob es sich um Föhr handelt oder um eine der flachen Halligen.

Die Fahrt mit der Fähre führt eine Weile entlang der vollkommen flachen, eingedeichten Nordostseite. Das Einzige, was man sieht, sind die modernen Windkraftanlagen, deren Flügel nahezu immer wirbeln und Energie in das Stromversorgungsnetz pumpen. Es erweckt den Eindruck, als ob sie nur wenige Zentimeter über dem Wasserspiegel stehen würden; bei unbeständigem Wetter sieht es aus, als ob sie aus dem Wasser ragen.

Plötzlich sieht man Wyk, das ganz im Norden eine Art Grenze zu Deich und Marsch bildet. Die Stadt ist im Verhältnis zu dem sie umgebenden flachen Land und Meer relativ hoch gelegen.

Aber die großen Höhen sind auf dieser grünen Insel nicht zu finden. Der höchste Punkt, im Süden von Oevenum, einer der 16 Ortschaften auf Föhr, liegt 13,2 Meter über NN.

Föhr ist eine Marschinsel. Hier wird durchaus Ackerbau betrieben, aber es gibt hier keine Heide, Dünenlandschaften und größere Wälder wie auf Amrum. Doch zwischen Utersum und Wyk hat Föhr einen 15 km langen zusammenhängenden Sandstrand zu bieten. Typisch für die Insel ist eine Vielzahl von kleinen Wegen und Straßen, für Radfahrer geradezu ein Paradies. Hier gibt es sozusagen so gut wie keine Steigungen und gute schmale Wege, wo meist Ruhe und Frieden herrscht und keine Autos fahren.

Die nordwestliche Hälfte der Insel wurde erst nach dem Bau solider Deiche in den 1960er Jahren besiedelt. Vorher gab es im Winter oft Überschwemmungen. Heute gibt es hier Wege und rund 20 Bauernhöfe.

Ansonsten ist Föhr üppiger, breiter und weiter als Amrum. 1819 wurde das erste Kurbad gebaut, und in den 1840er Jahren machte der dänische König Christian VIII. hier mehrmals Urlaub. Heute basiert die Wirtschaft der Insel auf den Einnahmen aus dem Fremdenverkehr.

Föhr kann auf eine lange Seefahrertradition zurückblicken. Schon in jungem Alter fuhren die Männer auf dänischen, deutschen und holländischen Schiffen zur See. Besonders die Epoche des Walfangs (1700–1850) war eine gute Zeit. Mitte des 18. Jahrhunderts waren etwa 1500 Männer im Walfanggeschäft tätig, davon gut 60 als Kapitäne, d. h. als Schiffsführer.

Die Spuren davon sind heute noch in Form der vielen hübschen Kapitänshöfe und der vielen verzierten „Kapitänssteine" auf den Friedhöfen zu sehen. Auf dem Friedhof von St. Laurentii, süd-

1 *Die Hafeneinfahrt von Wyk*
2 *Willkommen auf Föhr*
3 *Die Strandpromenade*
4 *Das Friesenmuseum*

lich der Kirche, befindet sich der Grabstein von Kapitän Mathias, den man den „Glücklichen Mathias" nannte. Er fing 372 Wale.

Informationen über die Natur

Natur ist hier überall. Möchte man mehr erfahren, dann sind in den Fremdenverkehrsbüros Broschüren erhältlich, oder man kann das Umwelt-Zentrum besuchen, das direkt an der Strandpromenade von Wyk liegt.

Hier gibt es u. a. einen Wattenmeer-Raum mit einem Ebbe/Flut-Modell sowie Aquarien und Diashow, die über das Leben im Wattenmeer informieren.

Ganz im Norden von Föhr liegt außerhalb des Deiches das Föhrer Vorland. In Richtung Oldsum, vor dem Deich, steht ein grüner Wohnwagen; dieser fungiert als Informationsstelle und als Aufenthaltsort für den für das Gebiet Verantwortlichen.

Wyk

Hier gibt es sehr hübsche Fleckchen mit vielen bezaubernden Häuschen.

Vom Hafen führt der Weg zur Stadt durch ein großes Deichtor, das geschlossen werden kann und das die Stadt bei Sturmfluten schützt.

4600 Menschen leben in Wyk. 1819 wurde das Seebad Wyk gebaut, was die kleine bis dahin schläfrige Stadt vollkommen veränderte. Sein Ruf als Kurort wurde nicht geringer, als Christian VIII. für eine Zeit Wyk zu seiner Residenz erklärte. Hans Christian Andersen, der hier eine Zeit lang Gast des dänischen Königs war, wurde durch seinen Aufenthalt u. a. zu dem Roman „Die zwei Baronessen" inspiriert.

Von der langen Strandpromenade aus hat man Aussicht auf den schmalen Strand und nicht zuletzt auf die Halligen, die nahezu märchenhaft in einer Linie am Horizont zu schweben scheinen. Ebenfalls an der Strandpromenade liegen das Rathaus und das Umwelthaus mit Ausstellungen über das Wattenmeer und die Insel.

Das Friesenmuseum

Weiter im Stadtzentrum liegt das Friesenmuseum, leicht erkennbar an der Eingangsfront, bestehend aus sechs Meter hohen Unterkieferknochen eines Blauwals. Das Museum beherbergt Ausstellungen über die Geschichte Föhrs, die Friesen und die Natur.

Nieblum

Schon vor 150 Jahren wurde Nieblum als eine der schönsten Ortschaften bezeichnet. In neuerer Zeit hat Nieblum mehrmals die Auszeichnung „Schönes Dorf" bekommen.

St. Johannis

Am Rande der Stadt steht die größte Kirche auf Föhr, St. Johannis, auch Friesendom genannt. Sie stammt aus der Zeit um 1240, gebaut aus mittelalterlichem Backstein, dem so genannten „Mönchstein", und mit einem kreuzförmig angelegten Grundriss. Im Innern steht ein geschnitzter Altar, der vom Ende des 15. Jahrhunderts stammt. Der helle Innenraum der Kirche, in weiß und blau gehalten, ist reich verziert.

Auf dem Friedhof stehen viele „Kapitänssteine", verzierte Grabsteine, die von Seefahrern und dem oft dramatischen Leben der Walfänger erzählen.

1 Die St. Johannis-Kirche
2 Dorfidylle
3 Altes Föhrer Haus

Goting Kliff

Im Süden von Nieblum liegt das Goting Kliff, das sich mit einer Höhe von bescheidenen sechs Metern über einem schmalen Dünenstreifen erhebt. Die Steilküste besteht aus 200 000 Jahre alten Ablagerungen. Wind und Wetter und nicht zuletzt Sturmfluten, die sie bisweilen ganz zu verschlingen drohen, haben sie im Laufe der Zeit abgerundet und geschliffen.

Utersum

Nach Wyk und Nieblum ist Utersum Föhrs dritter und kleinster Kurort. Parkt man an dem Denkmal für die Sturmflut von 1962, befindet man sich am Deich, von dessen Krone aus man eine phantastische Aussicht bis nach Amrum und und Sylt hat.

Die Aussicht ist nie gleich. Ob bei Flut oder bei Ebbe oder zu einem Zeitpunkt genau dazwischen, ob es grau ist, oder ob die Sommer- oder die Wintersonne scheint – es ist stets ein unterschiedliches Erlebnis.

Nach Nordwesten erstreckt sich der schützende Deich, und in südöstlicher Richtung beginnt der 15 km lange Sandstrand, der sich bis nach Wyk hinzieht. Zwischen Utersum und der Kurklinik liegen drei Hügelgräber, Reste eines großen Gräberfelds aus der Bronzezeit.

Von Utersum führt ein Wanderpfad über Hedehusum und Witsum nach Goting. Die fünf km lange Tour, Traumstraße genannt, bietet eine schöne Aussicht in das Landesinnere von Föhr, über das Meer und bis Amrum. Unterwegs kreuzt man den einzigen Fluss auf Föhr, den Godel.

Oldsum

Der Ort liegt im westlichen Teil von Föhr, direkt in der Marsch. Hier gibt es eine Windmühle aus dem Jahr 1901, die noch bis Mitte der 1950er Jahre in Betrieb war. In Stellys Hüüs, einem alten Kapitänshaus, ist ein Raritätenkabinett eingerichtet. In Marys Haus stellt der Maler Enzian Calvados seine Arbeiten aus.

Borgsum

Borgsum liegt auf den Geesthöhen im Südwesten. Am Rand der Ortschaft steht eine Mühle, die u. a. als Galerie genutzt wird. Der Ort ist nach den Resten der Burg benannt, gut einen Kilometer nordwestlich der Ortschaft. Von der kreisförmigen Anlage aus der Wikingerzeit ist nur die Wallanlage übrig. Die Wälle hatten eine Höhe von etwa 11 Metern, der Umfang der Anlage betrug ungefähr 450 Meter. Nordöstlich von Borgsum liegt die Borgsumer Vogelkoje, eine der sechs Vogelkojen auf der Insel.

1 *Landschaft bei Utersum*
2 *Mühle in Oldsum*
3 *Wallanlage in Borgsum*
4 *Die St.-Laurentii-Kirche*
5 *Kapitänssteine auf dem Johannis-Friedhof*

Die St. Laurentii-Kirche

Inmitten des Dreiecks Süderende, Borgsum und Utersum liegt die St. Laurentii-Kirche. Diese aus Backstein erbaute Kirche stammt aus dem 12. Jahrhundert. In dem schönen, hellen Kirchenraum ist u. a. ein spätgotischer, schön geschnitzter, dreiflügeliger Altar aus der Zeit um 1400 zu besichtigen. Auch hier ist der Friedhof mit seinen vielen schönen, gut erhaltenen Kapitänssteinen einen Besuch wert.

Boldixum

In Boldixum liegt die St. Nicolai-Kirche, eine der drei historischen Kirchen auf Föhr.

Vier Kilometer nordöstlich von Boldixum findet sich eine der letzten der sechs Vogelkojen auf Föhr.

Diese ausgeklügelten Anlagen waren auf den nordfriesischen Inseln sehr verbreitet. Zahlreiche Enten schwammen nichts ahnend in die Fallen, und zuletzt wurde ihnen von einem „Kojenwärter" der Hals umgedreht.

Die Borgsumer Vogelkoje wurde als erste gebaut. Die größte Ausbeute ergab die alte und die neue Vogelkoje in Oevenum: Hier fing man jährlich bis zu 24000 Enten. Die Boldixum Vogelkoje kann man während der Sommermonate täglich zwischen 10 und 12 Uhr besuchen.

SYLT

Als nördlichste und größte der deutschen Wattenmeerinseln hat Sylt eine ungewöhnliche Form und eine Fläche von 99 km^2. Sylt ist eine fast 40 km lang gestreckte, schmale Insel. An einigen Stellen ist sie nur 600 Meter breit. In der Mitte, wo sie sich nach Osten streckt, beträgt die Breite 12,5 km und der Abstand zum Festland nur ca. 8 km. Seit 1927 ist Sylt durch den Hindenburgdamm, der ausschließlich dem Zugverkehr vorbehalten ist, mit dem Festland verbunden.

Sylt befindet sich in ständiger Veränderung. Einige Küstenabschnitte werden vom Meer bedroht, andere wachsen aufgrund von Materialablagerungen. Die Natur ist unglaublich abwechslungsreich. Richtung Westen gibt es Sandstrände, Richtung Osten das Wattenmeer, und im Norden findet man die größte Wanderdüne Europas; an anderen Stellen gibt es große Lehmsteilküsten, Reste alten Landes.

Sylt ist der ideale Ort für Wanderer und Radfahrer. Es gibt hier u. a. viele Naturschutzgebiete, in denen man schöne Natur erleben kann. Man könnte ohne weiteres glauben, dass das Baden fast überall möglich sein müsste – das ist aber nicht der Fall. An einigen Stellen sind die Unterströmung und die Brandungsverhältnisse so gefährlich, dass das Baden verboten ist. Man sollte nur die Strände aufsuchen, an denen entweder Strandwachen sind oder Signale anzeigen, ob gutes Badewetter ist. Ortskarten geben Auskunft über Gefahren beim Baden. Man achte auch auf die Mastbojen: Ein aufgezogener Ball zeigt, dass man vorsichtig sein muss, zwei Bälle zeigen, dass das Baden verboten ist.

Auf Sylt gibt es ca. 22000 Einheimische, ca.10000 leben in Deutschlands Bade- und Kurort Nr. 1 – Westerland. 1855 erhielt Westerland die Zulassung als Badeort, und 1859 konnte man 470 Badegäste empfangen. Diese Zahl ist bis 1911 auf 30000 Badegäste pro Jahr gestiegen. Die Einweihung des Hindenburgdammes 1927 erleichterte die Anreise deutlich.

Der Zweite Weltkrieg hinterließ auch hier seine Spuren. Mehrere Nazigrößen verbrachten ihre Ferien auf Sylt, unter ihnen Hermann Göring. 1934 erhielten Juden Strandverbot, zuerst in Westerland, dann an allen Badestränden. Während des Krieges wurde Sylt in eine Festung umgewandelt. In Hörnum und List richtete man militärische Anlagen ein, und bei Rantum wurden Start- und Landebahnen für Wasserflugzeuge angelegt. Mehrfach wurde die Insel bombardiert.

Auch wenn es relativ leicht ist, auf Sylt unberührte Stellen zu finden, so ist die Insel doch äußerst stark vom Tourismus geprägt. Es gibt hier 12000 Ferienhäuser und 45000 Gästebetten. 1995 wurden 650000 Gäste gezählt. Dies muss im Verhältnis zur Einwohnerzahl der Insel gesehen werden. Man merkt schnell, dass es nicht billig ist, hier Urlaub zu machen.

Die Ferienhäuser sind äußerst exklusiv, riesig groß und so friesisch, dass es schon fast übertrieben wirkt. Das Nachtleben Westerlands ist hektisch, hier trifft sich der Jet-Set, aber man kann auf Sylt auch Ruhe und Natur finden und die Vogel- und Pflanzenwelt genießen.

Es gibt drei planmäßige Verbindungen nach Sylt. Man kann mit dem Zug (eventuell mit seinem Auto) über den Hindenburgdamm fahren, man kann die Verbindung Röm–Sylt von Havneby nach List nehmen oder die Fähre von Amrum nach Hörnum auf Sylt.

Westerland

Westerland ist der größte Ort auf Sylt. 200000 Menschen machen hier im Jahr Urlaub.

Auf der Kurpromenade ist Leben und herrscht eitel Sonnenschein, man schaut auf das Meer und kann sich Strandkörbe ausleihen. Für das Betreten von Promenade und Strand muss man

übrigens zahlen. Die Friedrichstraße und die Strandstraße sind exklusive Fußgängerzonen mit Cafés und feinen Boutiquen. Wenn man in den etwas älteren Stadtteil mit den echten Friesenhäusern will, geht man in Richtung St. Niels-Kirche im östlichen Teil Westerlands. Die Kirche ist von 1637.

Die Kurpromenade

Sie ist einen Spaziergang wert. In der großen Muschel gibt es in der Saison oft Konzerte oder sonstige Unterhaltung.

List

List ist die nördlichste Stadt Sylts und zugleich Deutschlands. Hier leben rund 3000 Menschen.

Listland, ein Naturschutzgebiet, liegt ganz in der Nähe. In dieser einzigartigen Dünenlandschaft gibt es Dünen mit einer Höhe von 35 Meter, u. a. eine mächtige Wanderdüne, die mehrere Orte unter sich begraben hat. Die Wanderdüne, die von der Straße Richtung Süden deutlich und sehr schön zu sehen ist, bewegt sich mit einer Geschwindigkeit von sieben Metern im Jahr.

Nördlich liegt der Ellenbogen, dem Sand von der Westküste Sylts zugeführt wird und der immer noch wächst. Zwei Leuchtfeuer, List-West und List-Ost, leiten die Schiffe durch das Fahrwasser. Zwischen dem Listland und dem Ellenbogen liegt Königshafen, die Bucht, die nach Christian IV. benannt wurde. Er hat weiter draußen in der Lister Tiefe die berühmte Seeschlacht während der Torstensson-Fehde 1644 geführt – einer der Kämpfe, die Christian IV. gewann. Die Gegend ist heute zusammen mit der Insel Uthörn unter Naturschutz gestellt.

Kampen

Liegt fabelhaft, umgeben von Heide, Dünenlandschaft, Nordsee und Wattenmeer. Hier gibt es ca. 1200 Ferienhäuser und 650 Einwohner. Kampen ist berühmt, weil die Prominenz hierher kommt. Man nennt die kleine Stadt auch das St. Tropez des Nordens. Hier lebt man in Saus und Braus, mit dicken Autos und großen Ferienhäusern. Kampen ist längst keine Künstlerkolonie mehr, sondern eher eine „Wir haben das dicke Geld"-Enklave. Es gibt hier einzelne alte Friesenhäuser aus dem 17. Jahrhundert. Man beachte den Baustil der Ferienhäuser. Hier wurde an nichts gespart.

Südlich von Kampen steht der bekannte schwarz-weiße Leuchtturm von 1855. Seine Höhe beträgt 38 m. Westlich davon liegen die Uwe-Düne und das Rote Kliff. Die Uwe-Düne ist nach Jens Uwe Lornsen benannt. Es ist der höchste Punkt auf Sylt (52,5 m) mit einer schönen Aussicht.

1 *Wanderdüne*
2 *Westerlands lebendige Fußgängerzone*
3 *Kassenhäuschen am Strand*
4 *Westerländer Kurpromenade*
5 *List mit seinen Ferienhäusern*

Das 4,4 km lange und an einigen Stellen 30 Meter hohe Rote Kliff besteht aus Glimmer und Kaolinsand. Die rote Färbung rührt von Eisenerzanteilen her. Das Rote Kliff ist für Wanderer und Geologie-Interessierte interessant. Die frei liegenden untersten Schichten des Kliffs sind ca. 3 Millionen Jahre alt, die oberen Ablagerungen stammen aus der letzten Eiszeit. Das Gebiet mit der umliegenden, ca. 177 Hektar großen Dünenlandschaft steht unter Naturschutz.

Die Kampener Vogelkojen

Zwischen 1767 und 1921 wurden auf Sylt drei große Fanganlagen für Enten und andere Wasservögel betrieben – die Vogelkojen. Die Kojen finden sich nördlich von Kampen, sind frei zugänglich und fast täglich von 10–16 Uhr geöffnet.

Keitum

Die große Halbinsel im Osten ist das grüne und fruchtbare Sylt. Hier gibt es Bäume und bewirtschaftete Felder. Keitum ist der hübscheste Ort der Insel. Er liegt idyllisch umgeben von vielen hübschen Schifferhäusern und zum Teil von Bäumen verdeckt. Es ist die Idylle in Reinkultur. Ein Spaziergang durch den ganzen Ort vermittelt den besten Eindruck.

Am nördlichen Rand von Keitum liegt die St. Severin-Kirche auf einer Geestanhöhe. Hier befand sich vor der Einführung des Christentums ein Heiligtum der nordischen Liebesgöttin Freja. Die verputzte Backsteinkirche ist aus dem 13. Jahrhundert und hat auf dem Turm ein Satteldach mit Giebelblenden. Er diente bis 1803 als Gefängnis der Insel! Neben vielen anderen Kostbarkeiten gibt es hier drei Lüster aus Holland aus dem 17. Jahrhundert.

Das Pfarrhaus ist von 1627, wurde später umgebaut und hat einen bemerkenswerten Ostgiebel. Auf dem Friedhof gibt es viele alte Grabsteine, die Kapitänen von Sylt und verschiedenen deutschen Berühmtheiten gesetzt wurden.

Das Altfriesische Haus

Dieses Haus wurde 1739 von einem Sylter Kapitän errichtet. Der Heimatverein kaufte das Haus 1907, sanierte es und richtete ein Museum ein. Ansonsten wohnte hier im 18. Jahrhundert eine Zeit der berühmte Chronist Christian Peter Hansen (1803–1879). Das hübsche, alte Haus beherbergt heute eine Ausstellung, in der Wohnstube, herrschaftliche Stube und Küche aus dem 18.–19. Jahrhundert zu besichtigen sind.

Das Sylter Heimatmuseum

Hier gibt es u. a. Ausstellungen zum Walfang und zur Seefahrt, ein durchgängiges kulturelles Merkmal dieser Inseln. Auch ein Gedenkraum für Jens Uwe Lornsen ist eingerichtet.

Am Rand des südlichen Stadtteils von Keitum liegt eines der schönsten Hügelgräber Sylts. Von der Spitze des Hügelgrabs (aus der jüngeren Steinzeit) hat man einen herrlichen Blick auf den nördlichen Teil der Insel. In der Nähe liegt Harhoog, ein mehr als 4500 Jahre alter Steinwall und eine Grabkammer.

Die reiche Vogelwelt

Das gesamte Gebiet nördlich des Hindenburgdammes (202 km²) steht unter Naturschutz. Für Vogelfreunde gibt es hier sehr viel zu sehen. Gute Beobachtungsstellen sind der Möwenbergdeich bei Königshafen in der Nähe von List und das Schlickwatt vor Keitum, Archsum und Morsum.

Das Morsum-Kliff

Morsum ist der erste Ort, den man erreicht, wenn man mit dem Zug über den Hindenburgdamm kommt.

Fährt man weiter nach Osten zu den Naturschutzgebieten, kommt man irgendwann an einen Parkplatz beim hübschen Restaurant Nösse. Eine Reihe Informationstafeln berichten hier über das Älteste, was auf Sylt überhaupt zu finden ist: das Morsum-Kliff. Das 23 Meter hohe Morsum-Kliff steht unter Naturschutz und ist eine geologische Sehenswürdigkeit von Rang. Die Steilküste bietet ein prächtiges Farbenspiel

1 Das Morsum-Kliff
2 Vogelkoje bei Kampen

Ein Kampf, der verloren geht

Sylt liegt ganz draußen. Die Insel kehrt ihren breiten Rücken Nordseewellen, Meeresströmung und Sturmfluten zu, und es ist die Frage, wie lange die Insel noch zusammenhält. Die große Sturmflut 1962 drohte, sie in Stücke zu zerreißen. Die Dünenwälle im Süden wurden durchbrochen. 1976 brach das Wasser in die äußeren Dünenwälle und überschwemmte die dahinter liegenden Mulden an zwei Stellen, nördlich von Kampen und nördlich von Hörnum. Auch List und der Küstenstreifen vor Westerland waren betroffen. Die Straßenverbindungen waren an verschiedenen Stellen zwischen Hörnum und Rantum unterbrochen.

1981 war es wieder schlimm. Straßen wurden beschädigt, und in den Hindenburgdamm wurden Löcher gerissen. Man geht davon aus, dass dabei 2 Millionen m^3 Sand von Sylt weggespült wurden. Zwischen 1986 und 1988 verschwanden 120.000 m^2 der Südspitze Sylts, heute ist nur noch eine Sandbank übrig. Diese große Fläche wurde durch die normale Meeresströmung um die Sylter Südspitze abgetragen.

Auch für die Zukunft sieht es nicht gut aus. Wenn man sich alte Karten anschaut, sieht man, dass Sylt deutlich kleiner geworden ist. Das, was sie befestigt und immer noch hält, sind die massiven Lehmformationen, die in der letzten und der davor liegenden Eiszeit zusammengeschoben wurden. Aber auch die Lehmsteilküsten werden kleiner: Das Rote Kliff verliert pro Jahr einen Meter. Nördlich von Westerland gibt es Häuser, die langsam ins Meer gleiten.

Überdies scheint es, als nähmen die Abbruchprozesse zu. Vor 1950 holte sich das Meer jährlich 90 cm Küste im Durchschnitt; nach 1950 verschwanden pro Jahr durchschnittlich 1,50 Meter. Man tut, was man kann, um den Abbruch aufzuhalten. An den am meisten gefährdeten Stellen wird u. a. Sand an die Küsten gebracht. 1996 wurden an der Küste vor Westerland 800.000 m^2 Sand angelagert, was 12,5 Millionen DM kostete.

Die Reste der Hallig Jordsand mit Sylt im Hintergrund.

und zeigt einige Schichten, die eigentlich sehr viel tiefer liegen müssten.

Es gibt hier Schichten, die bis zu 7 Millionen Jahre alt sind. Das Morsum-Kliff ist der einzige Ort in Deutschland, wo die Trennlinie zwischen Schichten aus dem Pliozän und dem Miozän zu sehen ist.

Das Rantumbecken

Der große Binnensee, der während des Zweiten Weltkriegs als Landebahn für Militär-Wasserflugzeuge genutzt wurde, ist heute ein besonders reiches Vogelgebiet. In dieses Naturschutzgebiet kommt man nur, wenn man an einer der Wanderungen mit Führung teilnimmt, die vom Verein Jordsand veranstaltet werden. Ein Deichweg führt südöstlich um das Schutzgebiet herum.

Tinnum

Unmittelbar westlich von Tinnum liegt die Burg Tinnum, Reste einer Burg oder Zufluchtsstätte, vermutlich von ca. 1000. Bei Archsum finden sich Reste einer weiteren alten Burganlage. Auch hier ist man sich einer genauen Datierung nicht sicher.

Hörnum

Wenn man historische Häuser sucht, sollte man nicht nach Hörnum fahren. Vor 100 Jahren gab es hier nichts. Tourismus, Eisenbahn und Fährverkehr haben jedoch aus diesem Ort schnell etwas gemacht. Was Hörnum an alten Gebäuden fehlt, hat es an Sandstränden und Dünen. Der Hafen ist u. a. Ausgangspunkt für Schifffahrten nach Amrum und Föhr, zu den Halligen und den Seehundbänken. Der rot-weiße Leuchtturm, der sich 48,9 Meter über dem Meeresspiegel erhebt, ist ein markantes Seezeichen und das älteste Gebäude hier.

Die südlichste Spitze Sylts, Hörnum Odde, ist den Angriffen des Meeres massiv ausgesetzt – ständig werden Teile abgetragen. Am äußersten Ende liegt ein Vogelschutzgebiet, das im Winter nicht betreten werden darf. Um mehr über dieses Gebiet zu erfahren, kann man Kontakt zur Schutzstation Wattenmeer (Tel. (04651) 881093) aufnehmen.

Jens Uwe Lornsen

Jens Uwe Lornsen (1793 –1838), geboren in Keitum auf Sylt, gilt als Freiheitsheld.
Nach einem Jura-Studium machte Lornsen eine glänzende Karriere in Kopenhagen, wo er schnell vom Kanzleirat zum Kanzleivorsteher aufstieg. Er bewarb sich später um die Stelle als Distriktsvogt auf Sylt, und im Oktober 1830 war er auf dem Weg zurück auf seine Heimatinsel.

Lornsen wollte Anhänger für einen Antrag auf eine Verfassung für Schleswig-Holstein sammeln. Bei einem Treffen in Kiel trat Lornsen mit einer konzentriert gefassten, kraftvollen Schrift auf, die nur 12 Seiten umfasste und unter dem Titel „Ueber das Verfassungswerk in Schleswigholstein" in einer Auflage von 10000 Exemplaren blitzschnell verbreitet wurde. Die Flamme der Autonomiegedankens war entzündet.

Schleswig-Holstein sollte ein selbständiger Staat werden, nur König und Feind sollte man mit Dänemark gemein haben. Dafür kam Lornsen, nachdem er sein Amt nur 10 Tage lang ausgeübt hatte, für ein Jahr ins Gefängnis nach Rendsburg. Nach seiner Freilassung wanderte er nach Brasilien aus. 1837 kehrte er zurück und nahm sich 1838, nur 44 Jahre alt, am Genfer See das Leben.

DIE REGION NIEBÜLL

Dieses Gebiet macht den westlichen Teil des alten Südtondern aus, im Norden durch die dänische Grenze abgeschnitten, im Süden durch die Lecker Au und den Bongsieler Kanal. Es ist das flache nordfriesische Marschenland mit den großen Weiten, Deich an Deich, Land der Köge. An größeren Städten gibt es hier Niebüll, ein natürlicher Verkehrsknotenpunkt, wo man u. a. den Autozug nach Sylt nehmen kann. Von Dagebüll kommt man nach Föhr und Amrum.

Typisch für die Landschaft sind flache Felder und Wiesen, durchbrochen von Deichen, Feuchtgebieten mit einer reichen Vogelwelt, alten friesischen Bauten am Geestrand, auf den Warften oder dicht an den schützenden Deichen gelegen. Auch wenn das Meer einen Teil der Kirchen verschlungen hat, so gibt es doch noch viele hier, oft auf von Menschen errichteten Anhöhen, den Warften, gebaut und oft mit einer interessanten Geschichte.

Marktplatz

Niebüll

Niebüll, mit seinen knapp 8000 Einwohnern die zweitgrößte Stadt im Kreis Nordfriesland, ist beinahe schon mit dem Schwesterort Deezbüll auf einer Hügelinsel zusammengewachsen. Bis zur Kommunalreform 1972 war Niebüll Verwaltungssitz des alten Kreises Südtondern, der heute zum Kreis Nordfriesland gehört.

Die Geschichte der Stadt geht bis auf das Jahr 1436 zurück, als man das erste Mal von Niebüll hört. Die Stadt entwickelte sich zu einem Marktflecken, einem typischen friesischen Dorf mit Zugang zum Meer. In dem Maße wie die Eindeichungen die Küstenlinie nach Westen verschoben, verlor Niebüll seine Bedeutung als Hafenstadt. Niebüll erlebte einen Aufschwung um 1900, als mehrere Eisenbahnstrecken in der Marsch verlegt wurden. Das Wachstum in Industrie und Handwerk wurde nicht geringer, als 1927 der Hindenburgdamm nach Sylt eingeweiht wurde. Die Eisenbahnstrecke führt durch Niebüll, eine der Stationen, an denen das Auto auf den Zug geladen werden kann.

In Niebüll ist ein Gang durch die Gegend um das Rathaus, die Fußgängerzone mit den vielen Geschäften ein schönes Erlebnis. Geht man etwas abseits der Hauptstraßen, findet man idyllische Gassen mit reetgedeckten Häusern.

Richard-Haizmann-Museum

Nolde ist der Maler der Marsch, aber wenn man hier ist, darf man auch Haizmann (1895–1963) nicht versäumen, der wie Nolde von den Nationalsozialisten als entartet angesehen wurde und deshalb 1933 aus Hamburg emigrierte. Er fand Zuflucht im nordfriesischen Niebüll, wo er bis zu seinem Tod lebte. In diesem Museum für moderne Kunst kann man neben wechselnden Ausstellungen Beispiele für Haizmanns Bilder, Grafik und seine Bildhauerkunst sehen. Rathausplatz 2, Tel. 04661-1010.

Naturkundemuseum

In diesem Naturkundemuseum erlebt man die einzigartige Natur Nordfrieslands. Im Museum kann man sich eine gute Portion Vorabinformationen holen, bevor man sich hinaus in die echte und ganz spezielle Wattenmeernatur begibt. Hauptstraße 108.

Das Nolde Museum

Friesisches Heimatmuseum

Das Heimatmuseum liegt in einem 200 Jahre alten friesischen Langhaus. Hier wird u. a. gezeigt, wie die Bauern lebten, bevor die Industrialisierung in Schwung kam. Osterweg 76, Tel. 04661-3656.

Die Kirche von Niebüll

Die Kirche ist bemerkenswert aufgrund ihrer Kanzel von 1730, eines Opferstocks von 1693 und eines schön geformten Friedhofsportals.

Die Umgebung von Niebüll

Die Grenzübergänge

Mehrere Grenzübergänge liegen ganz in der Nähe: Ruttebüll/Rudbøl, Aventoft und Seth/Sæd. Es gibt hier viele Geschäfte, die von dem andersgearteten Steuersystem der Dänen profitieren. Einen kleiner, friedlicher Grenzübergang, mit nur einem unbesetzten Haus und einem rotweißen Schlagbaum, findet sich ganz im Westen, am Ende des dänischen Hoyer-Deichs, nahe Siltoft.

Das Nolde Museum

Wenige Kilometer von der Grenze entfernt, bei Seebüll, zwischen Neukirchen und Süderlügum, liegt das eigenwillige Haus Noldes, das heute eine Ausstellung mit einigen seiner Werke beheimatet. Schilder weisen deutlich auf den abgelegenen Ort hin. Nachdem man sich Noldes Bilder angesehen hat, kann man einen Spaziergang im Garten machen oder in die Cafeteria gehen, die unmittelbar am Museum liegt.

Klanxbüll

Der kleine Eisenbahnhaltepunkt ist die letzte Chance, um mit dem Zug nach Sylt zu kommen. Hier befindet sich auch die einzige reetgedeckte Kirche. Bei Klanxbüll gibt es eine Abfahrt durch ein Deichtor zum Friedrich-Wilhelm-Lübke-Koog. Der Lübke-Koog wurde 1854 im Zuge des „Programm Nord" eingedeicht, einer Initiative zur Bodenverbesserung in Westschleswig.

Rickelsbüller Koog

1979–81 wurde der 12 km lange Dänisch-Deutsche Deich (Der Vordeich) gebaut. In Deutschland wurde der 500 Hektar große Rickelsbüller Koog dem Meer abgewonnen. Das neue, durch Eindeichung gewonnene Land bedeutet große Veränderungen für die Pflan-

Emil Nolde

Emil Nolde (1867–1956) wird als einer der führenden Maler des Expressionismus und einer der ganz großen Aquarellmaler angesehen. Er wurde als Emil Hansen in einer bäuerlichen Familie im Dorf Nolde nahe Tondern geboren. Als junger Mann begann er seine lebenslang währende Ausbildung, die seiner Kunst die große Bandbreite verlieh.

Als 24-Jähriger wurde er in Flensburg zum Holzschnitzer und Zeichner ausgebildet. In den Jahren danach unterrichtete er im Fach Modellieren und malte seine ersten Landschaftsaquarelle. Bis zur Jahrhundertwende war er an der Malerschule in Dachau bei Hölzel; später studierte er am Louvre.

Von 1902–1905 war Nolde in Kopenhagen, wo er einige dänische Künstler kennen lernte, u. a. Viggo Johansen, Vilhelm Hammershøj und J. F. Willumsen. Er begegnete der Dänin Ada Vilstrup, die er 1902 heiratete. Im gleichen Jahr nahm er den Namen seines Geburtsortes als Nachnamen an.

Das Paar zog viel um. Im Sommer lebten sie auf Alsen, im Winter in einer Wohnung in Berlin. Unmittelbar vor dem Ersten Weltkrieg nahm Nolde an „Der Deutschen Neu-Guinea Expedition" teil. Die Reise fand u. a. ihren Niederschlag in einigen hundert Farbkreidezeichnungen, einer Reihe großer Aquarelle und 19 Gemälden.

Vor der Expedition erlebte Nolde seinen Durchbruch auf Ausstellungen u. a. in Hamburg und Essen. Nach der Expedition zog Nolde von Alsen in ein kleines Bauernhaus an der Wiedau. Durch die Abtretung Nordschleswigs 1920 erhielt er die dänische Staatsbürgerschaft, die er bis zu seinem Tod behielt. In dieser Zeit malte Nolde einige herrliche Aquarelle auf Hallig Hooge. 1926 kaufte Nolde den Seebüllhof einige Kilometer südlich der Grenze. Hier baute er ein Haus und richtete es sich gemeinsam mit Ada Nolde ein. Das sehr eigentümliche Haus wurde nach Noldes eigenen Entwürfen gebaut, eine Villa mit Atelier im Stil des Funktionalismus, die völlig mit der Bautradition des Marschenlandes brach. Dies fällt besonders auf, weil an jeder Seite des eigenwilligen Nolde-Hauses zwei sehr schöne Marschhöfe auf ihren Warften liegen.

Künstlerisch ging es Nolde in diesen Jahren sehr gut. Er fand Anerkennung und wurde u. a. zum Ehrendoktor an der Kieler Universität ernannt. Er baute in Seebüll, legte Gärten an und schrieb an seiner Autobiografie. 1932 stellte er zusammen mit anderen hervorragenden deutschen Künstlern im Museum of Modern Art in New York aus.

1933–34 wurden die Nationalsozialisten langsam aktiv. Nolde wurde selbst Mitglied der Nazipartei in Nordschleswig, der NSAN. Obwohl Nolde selbst der Meinung war, in seinen Bildern der „germanischen Urkraft" Ausdruck zu verleihen, griffen die Nazis seine Kunst immer häufiger an. 1095 seiner Arbeiten wurden beschlagnahmt, und in der Ausstellung „Entartete Kunst", die in einigen großen deutschen Städten gezeigt wurde, war er häufig vertreten.

1941 verbot man ihm das Malen völlig, und er zog sich nach Seebüll zurück, wo er trotzdem weiter arbeitete. In der Zeit 1938–1945 entstanden 1300 kleine Aquarelle, die „Ungemalte Bilder" genannt wurden, und 15 Ölgemälde. 1944 wurde die Wohnung in Berlin bombardiert; ein großer Teil der Bilder ging verloren.

Als Ada 1946 starb, heiratete Nolde 1948 Jolanthe Erdmann. Nach dem Krieg malte Nolde bis 1951 nur Ölgemälde, danach bis 1955 nur Aquarelle. Nolde starb am 13. April 1956 in Seebüll. Sein Lebenswerk, ein Teil der Kunst, das Haus und der Garten sind durch die testamentarische Gründung der „Stiftung Seebüll Ada und Emil Nolde" erhalten worden.

zen- und Tierwelt. Das Gebiet verwandelt sich allmählich von einem Salzwassergebiet in ein Süßwassergebiet.

Das ganze Jahr über können Vögel beobachtet werden. Im Frühjahr und im Spätsommer sind hier Zehntausende Zugvögel, ab Februar und März finden sich die Nistvögel ein. Insgesamt hat man hier 150 verschiedene Vogelarten beobachtet, und wenn man für die Tour Unterstützung haben möchte, wendet man sich an das Informationszentrum Wiedingharde in Klanxbüll.

Dort ist auch ein Faltblatt mit einer Karte des Gebietes erhältlich, in welchem es auch Informationstafeln gibt. Man beachte, dass entlang des Hindenburgdamms ein Gatter ist, das geöffnet und auch wieder geschlossen werden muss. Es kommen regelmäßig Züge, so dass man die Gleise nicht überqueren sollte.

Südwesthörn

Ganz nah liegt Horsbüll; die Kirche steht auf einer Warft, zum Schutz vor Überschwemmungen. Bei Emmelsbüll liegen mehrere prächtige Höfe, in der Regel auf Warften. Hier befindet sich u. a. ein Haubarg, der Königstein-Haubarg, dessen gewaltiges Dach zeigt, dass es hier etwas Besonderes gibt. Haubarge gibt es nur auf der Halbinsel Eiderstedt.

An der Schleuse Südwesthörns liegt eine grüne Wattenmeer-Badestelle, die obendrein noch nicht überfüllt ist. Oben auf dem Deich hat man eine schöne Aussicht über das Wattenmeer bis nach Sylt und Föhr. Bei Ebbe sieht man den Kanal der Schleuse weit hinaus, bei Flut kann gebadet werden. Zeit für eine Schlickwanderung an kleinen Molen entlang und an Faschinen und Schlickhöfen. Hier kann man sehen, wie die Pflanzen langsam das Land erobern.

Dagebüll

Die Halbinsel Dagebüll ist eine alte Hallig. Deiche haben sie gesichert, sodass sie ein Teil des Festlandes geworden ist. Auf dem Weg zum Hafen kommt man durch ein starkes Deichtor mit großen Eisentoren. Während der großen Sturmflut 1962 waren sie geschlossen. Eine Säule am Leuchtfeuer der Hafenmole zeigt den damaligen Wasserstand.

1 Südwesthörn
2 Dagebüll-Mole
3 Dagebüll vom Deich aus
4 Wattwanderungen

Der Hafen Dagebüll ist Endstation für die Eisenbahn aus Niebüll, und von hier aus kann man weiter nach Westen kommen. Der Ort ist gut besucht, nicht zuletzt aufgrund der drei großen Fähranlegestellen und des Touristenverkehrs nach Amrum und Föhr. Die großen Parkplätze um den Hafen sind für Touristen bestimmt, die ihre Autos nicht mit auf die Inseln nehmen.

Von der Hafenmole kann man bei klarem Wetter die Häuser von Wyk auf Föhr sehen. Amrum liegt hinter Föhr und ist nicht zu sehen. Südlich sieht man einige Häuser, die aussehen als ständen sie direkt auf dem Wasser, die aber auf Warften auf den Halligen Langeness und Oland gebaut wurden. Ein Damm führt dort hinaus, der jedoch nicht benutzt werden darf.

Dafür kann man sich zu einer der vielen Wattwanderungen mit Führung anmelden. Es ist ratsam, erfahrenen Wattführern zu folgen, anstatt selbst hinaus zu gehen. Sie kennen gute und sichere Stellen, wo man die Natur erleben kann. Und nicht zuletzt wissen sie, wann man am besten an Land bleiben sollte.

Abstecher

Ladelund

Im Winter 1944 war hier ein Arbeitskommando aus Neuengamme bei Hamburg stationiert. Gut 300 der 2000 internierten KZ-Häftlinge kamen um. Von ihnen allein 106 Holländer aus dem Dorf Putten. In Ladelund gibt es eine Gedenkhalle unmittelbar neben der Gräberstelle.

Gut einen Kilometer nördlich von Ladelund liegt das Ladelunder Naturbad in schöner Umgebung. Das 2 Hektar große Bad besteht aus zwei miteinander verbundenen Seen. Hier gibt es Gras- und Sandstrand, Spielgeräte und Wasserskianlagen.

Helgoland

Helgoland ist die Insel mit der sauberen Luft, den auffälligen Vogelfelsen und der bewegten Geschichte; man kann sie in wenigen Stunden erreichen. Helgoland ist eine merkwürdige Insel mit einer enorm abwechslungsreichen Natur.

Helgoland war einst dänisch, wurde aber an die Engländer verloren, die sie später den Deutschen gegen die Insel Sansibar eintauschten. Hiernach wurde auf Helgoland ein Flottenstützpunkt errichtet. Durch schwere Bombardierungen im Zweiten Weltkrieg und Sprengungen nach dem Krieg wurden alle Häuser auf der Insel zerstört.

Es gibt hier viel zu erleben. Die Klippen, die den flachen Teil der Insel beherrschen, bestehen aus verschiedenfarbigen Sandsteinschichten, die von der darunter liegenden Salzschicht nach oben gedrückt wurden. Nach Helgoland kommt man von Amrum, Sylt, Föhr, Dagebüll, Husum und vom Eidersperrwerk.

Emeis-Forst, Süderlügum

Nordfriesland ist reich an Ackerland und Wattenmeer, jedoch arm an Wäldern. Die meisten Waldgebiete sind nur gut 100 Jahre alt. Der Emeis-Forst stammt von 1872. So wie in Dänemark, wurde auch hier die Heide durch harte Arbeit in Wald verwandelt. Die harte Ortsteinschicht wurde mit Pflügen aufgebrochen, die von bis zu 20 Pferden gezogen wurden. Heute bietet der Wald einen schönen, variationsreichen Bestand alter Bäume.

Leck

Es ist heute kaum noch zu verstehen, aber Leck war einst eine Hafenstadt. Mitten in der Geest liegt es an der Lecker Au mit der Marsch im Westen. Der hier vorbeiführende Heerweg oder Ochsenweg, wie er genannt wird, zeugt von der historischen Hauptverkehrsader vom nördlichen Jütland bis zur Elbe. Leck ist ein kleines, hübsches Dorf mit schönen, alten Häusern. Südlich liegt der etwa 750 Hektar große Langenberger Forst. In der Nähe befindet sich auch der höchste Punkt der Gegend, die Rantzau-Höhe, 48 m über dem Meeresspiegel.

DIE REGION TONDERN

Die Region Tondern/Tønder erstreckt sich von der Grenze im Süden bis nach Hoyer/Højer im Norden.

Die Eindeichung, wodurch Tonderns weitere Existenz als Hafenstadt unmöglich wurde, begann 1555 und fand vermutlich ihren Abschluss mit den Vordeichen von 1981. Die Köge und Tondern, wo viele Stadtteile nur einen Meter über NN liegen, sind wohl sicher.

In der Nacht vom 3. auf den 4. Dezember 1999 war es reine Glücksache, dass das Schlimmste verhindert wurde. Dänemark wurde vom schwersten Orkan des Jahrhunderts getroffen, und am Vordeich wurde ein Wasserstand von 4,30 Meter plus Wellenüberlauf gemessen. Die bis dahin höchste Messung, bei der Sturmflut 1981, war 4,97–4,98. Das Glück stand den Südjütländern diesmal bei, denn hätte der Orkan damals seinen Höhepunkt 3 Stunden später, bei Flut, erreicht, wäre der Wasserpegel möglicherweise auf unglaubliche 5,50 bis 6,60 Meter gestiegen.

Die Region ist reich an Geschichte, Kultur und Natur. Die Tonderner Marsch, das Vorland und das Watt sind eines der besten Vogelgebiete der Welt. Tondern selbst ist die bedeutendste Stadt der Marsch, Mögeltondern/Møgeltønder hat die prachtvolle Schlossstraße und Schackenborg. In Hoyer steht eine der größten Holzwindmühlen Nordeuropas. In diesem Grenzland lässt sich einiges unternehmen.

Tondern: ca. 8000 Einwohner, Hoyer: ca. 1500 Einwohner. Öffentliche Grenzübergänge bei Seth/Sæd, Aventoft/Møllehus und Ruttebüll/Rudbøl.

Tondern/Tønder

Tondern liegt dort, wo Fluss, Marsch und Geest aufeinander treffen. Die Stadt, die in schriftlichen Quellen im Jahre 1130 erstmals erwähnt wird, wurde auf einem lang gestreckten Werder zwischen zwei damals schiffbaren Flussbetten der Wiedau angelegt. Tondern lag nahe am Meer und war vermutlich Hafenstadt für Store Tønder/Mögeltondern.

1 Der Fluss Wiedau bei Tondern

1243 bekam Tondern Stadtrecht und wurde eine bedeutende Hafenstadt, u. a. zur Verschiffung von Pferden und Ochsen. Wiederholte Überschwemmungen in den Marschgebieten führten zur ersten Eindeichung 1553–1555, als ein Deich von Hoyer bis Ruttebüll errichtet wurde. Bei Lægan, wo der neue Hafen angelegt wurde, baute man eine Schleuse.

Tondern verlor später seine Bedeutung als Hafenstadt, aber durch viele Tausende fleißige Hände kam die Stadt zu neuem Reichtum. Von Beginn des 17. Jahrhunderts bis Mitte des 19. Jahrhunderts war Tondern das Zentrum der Klöppelspitzenindustrie, die erst Ende des 19. Jahrhunderts von Maschinen vom Markt verdrängt wurde. Viele der hübschen Häuser aus der Zeit wurden von Spitzenwarenhändlern gebaut, die sich ein Vermögen verdienten.

Westlich von Tondern liegt das größte Marschgebiet Dänemarks, eine von den geraden Höhenrücken der Deiche durchbrochene Grünfläche.

Tondern bietet heute reizende alte Häuser, schöne Museen, Grenzatmosphäre, Traditionen, das Tondern Festival und nicht zuletzt eine schöne Lage, geprägt durch die Wiedau, die Marsch und das Wattenmeer. Die historischen

Wurzeln als Hafenstadt sind immer noch im Stadtwappen zu sehen.

Der Marktplatz von Tondern

Der hübsche Marktplatz ist ein guter Ausgangspunkt für eine Stadtwanderung durch Tondern. Hier ist auch eine Kopie des Kakmannes zu sehen. Die Originalfigur, die einzige in Dänemark, steht im Museum von Tondern. Der Schandpfahl (norddtsch. Kak) oder Staupe hatte bis ins 19. Jahrhundert hinein einen zentralen Platz im Stadtbild. Hier wurden Kleinverbrecher öffentlich bestraft, oft für banale Verbrechen. An der Staupe wurde man gestäupt, d. h. angekettet und ausgepeitscht.
Dass dies eine ernste Angelegenheit war, sieht man an einem Fall aus dem Jahre 1813, als ein Schusterlehrling beim Diebstahl von Äpfeln erwischt wurde. Er wurde zu öffentlicher Auspeitschung und einer Stunde am Schandpfahl verurteilt, hatte aber Glück, weil das Urteil in drei Tage Kerker bei Wasser und Brot umgewandelt wurde.

Das Haus des Klosterbäckers

Man vermutet, dass dieses spätgotische Giebelhaus am Marktplatz um 1517 errichtet wurde; es soll das älteste erhaltene Haus in Tondern sein und ursprünglich als Unterkunft für die Kalende-Bruderschaft der Stadt gedient haben, einer Gilde von sowohl weltlichen Personen als auch Geistlichen.

Das Haus des Deichgrafen

Ein Beispiel dafür, welchen Reichtum die Spitzen einbrachten. Das Haus wurde 1777 für Carsten Richtsen errichtet, den späteren Bürgermeister der Stadt. Es hat ein prunkvolles Rokokoportal, eingerahmt von zwei Erkern. Vestergade 9, siehe auch Vestergade 14.

Det gamle Apotek/ Die Alte Apotheke

Die Alte Apotheke ist als Apothekenmuseum eingerichtet. Hier kann man Dänemarks größte Sammlung alter Apothekenflaschen und alte Arznei- und Hilfsmittel nebst Zubehör besichtigen. Gebaut um 1670. Sandsteinportal aus dem Barock. Østergade 1. Siehe auch Østergade 13, 15 und 25. Das Haus Østergade 69 wurde 1729–31 für einen wohlhabenden Klöppelspitzen-Großhändler errichtet.

Das Tønder Festival
Jedes Jahr, am letzten Wochenende im August, ist in Tondern richtig was los. Kommt man zu spät, ist in der ganzen Stadt nicht ein Hotelzimmer oder nur eine Stelle fürs Zelt zu finden. Es ist Tønder Festival. 1999 feierte das Festival sein 25-jähriges Jubiläum.

Es hat sich im Laufe dieser Zeit aus einer lokalen Veranstaltung zu einem europäischen Musikereignis entwickelt. Die zunehmende Größe hat auch zu einem gehobenen Niveau beigetragen. Mit 1000 freiwilligen Helfern, 7 Bühnen und 25 000 zahlenden Gästen verfügt man über die Mittel, die Größen des weiten Genres der Folkmusik zu engagieren.
Aber dabei sind die Wurzeln nicht vergessen. Hier ist auch Platz für neue Namen oder Menschen, die nur Spaß am Spielen haben und das an einer der Musikstätten tun möchten, die hier zur Verfügung stehen.

Bachmanns Wassermühle

Sie wurde 1598 im Zusammenhang mit einer Begradigung der Wiedau errichtet. Die Mühle arbeitete bis 1955 mit Wasserkraft, heute wird sie für Musikveranstaltungen genutzt.

1 *Die Uldgade (Wollstraße) in Tondern*

Alte Straßen

Die stimmungsvollsten Straßen in Tondern sind die Uldgade, die Spikergade und die Nørregade. Besonders die Uldgade ist etwas Besonderes und bietet historisches Flair. Seite an Seite liegen die kleinen, einstöckigen Giebelhäuser mit Erkern, die einen guten Blick auf das Straßenleben garantierten.

Die Christuskirche

Eine Backsteinkirche, 1591–1592 als Ersatz für die Nikolai-Kirche erbaut, die so verfallen war, dass sie abgerissen werden musste. Der Kirchturm mit der achteckigen Spitze wurde aber schon 1520 errichtet. Die Christuskriche ist die Kirche mit dem reichsten Inventar in ganz Westschleswig.

Der kolossale Altar wurde 1696 von Peter Petersen erschaffen und vom Bürgermeister Friedrich Jürgens und seiner Gemahlin gestiftet. Die Sängerempore, die das Schiff vom Chor trennt, stammt von ca. 1623 und ist ebenfalls ein Werk von Peter Petersen. Hier sind auch viele Epitaphen aus dem 17. und 18. Jahrhundert mit Porträts von Ochsen- und Spitzenhändlern und ihren Familien zu besichtigen.

Das Museum Tønder und das Kunstmuseum Sønderjylland

Die Museen sind in Torhäusern des alten Schlosses Tondern von ca. 1530 eingerichtet. Das Schloss wurde 1750/51 abgerissen. Das Museum wurde seit 1923 ausgebaut und kürzlich durch das nahe gelegene Wasserwerk mit Wasserturm, Pumpenhaus und Filtergebäude erweitert.

Das Museum Tønder ist ein kulturhistorisches Museum mit Sammlungen des Handwerks Westschleswigs, Spitzen, Silber und Holzarbeiten. Hier gibt es des Weiteren die größte Wandfliesensammlung Nordeuropas. Man sieht hier auch den originalen Kakmann und die Kerkerzellen von ca. 1820.

Der alte Wasserturm von Tondern wurde 1995 als Museum für den berühmten Möbeldesigner Hans. J. Wegener eingeweiht, der aus Tondern stammt. Auf jedem Deck im Wasserturm sind Wegeners Stühle ausgestellt; ganz oben gibt es einen Salon mit Aussicht auf Tondern, Mögeltondern und die Marsch.

Das Kunstmuseum Sønderjylland wurde 1999 in einem neuen Gebäude eröffnet. Hier befindet sich die größte Kunstsammlung des Landes mit dem

Schwerpunkt auf der nordischen Kunst des 20. Jahrhunderts. Kongevej 55, Tel. (0045) 7472 2657.

Dröhnes Haus/Drøses Hus

Eine Zweigstelle des Museums Tønder in der Fußgängerzone. In dem Bürgerhaus von 1672 gibt es eine Ausstellung über Spitzen und Teile der Sammlungen von Möbeln, Glas und Barockküchen des Tonderner Museums. Storegade 14, Tel. (0045) 7472 4990.

Das Zeppelinmuseum

Behandelt den deutschen Marineluftschiff-Stützpunkt 1914–1920 und die Garnison Tondern 1920–1936. Der Stützpunkt wurde während des ersten Weltkrieges in Tondern errichtet, als die Stadt Standort der größten militärischen Luftschiffanlage Nordeuropas war. Die Anlage wurde bei englischen Luftangriffen im Juli 1918 teilweise zerstört. Gasværksvej 1, Tel. (0045) 7472 7254.

Die Tonderner Marsch/ Tøndermarsch

Das 130 km² große Gebiet der Tonderner Marsch ist ein Teil der flachen und fruchtbaren Landschaft, die in sich ändernden Breiten entlang der Küste von der Ho Bucht im Norden bis zu Den Helder im Süden erstreckt. Aber die Tonderner Marsch ist von allen vielleicht der am besten erhaltene Teil.
Und es ist ein phantastisches Naturgebiet, was man unmittelbar spürt, denn was versteckt sich nicht alles in dem flachen und augenscheinlich einheitlichem Grasland. Die Antwort ist: jede Menge Leben, wo die Marsch nur extensiv bewirtschaftet wird.

Die Tonderner Marsch ist einzigartig, weil in den westlichen Kögen, Ruttebüller Koog, Neuer und Alter Friedrichskoog, ein uraltes Bewässerungssystem angewandt wird. Im Sommer wird das Flusswasser der Wiedau in ungefähr 300 km Graben hinauf gepumpt und durch Stauwerke zurückgehalten. Das liefert Wasser für Schafe und Rinder und trennt die einzelnen Fennen voneinander, Zäune sind nicht nötig.

Die feuchten Wiesen bieten eine reiche Vogelwelt, aber auch eine ausgesprochen reiche Pflanzen- und Kleintierwelt. Hier sieht man z. B. das Pfeilkraut, die gelbe Schwertlilie, den langblättrigen Hahnenfuß und die Blumenbinse, in den Gräben Krebsschere und Laichkraut.

Die Klöpplerinnen

Klöppeln war keine gemütliche Hausfrauenbeschäftigung an stillen Winterabenden. Es war knochenharte Plackerei, ein Leben lang, über Klöppelkissen und Klöppel gebeugt sitzend beim erbärmlichen Licht der Schusterkugel.

Als der Ochsenhandel aufgrund der sich abschwächenden Rolle Tonderns als Hafenstadt langsam zurückging, wuchs der Krämerhandel mit Klöppelspitzen. 12000 Klöpplerinnen sollen in der Gegend zwischen Leck – Niebüll und Ripen damit beschäftigt gewesen sein. Der Hauptteil von ihnen im Gebiet Tondern-Mögeltondern. Das verhalf den 25 Klöppelspitzenhändlern, die es zu den besten Zeiten allein in Tondern gab, zu Reichtum. Jeder von ihnen konnte mehrere hundert schlecht bezahlte Klöpplerinnen beschäftigen. Die Klöppelspitzen gingen u. a. nach Deutschland, Norwegen und Russland.

Es war ein so ergiebiges Geschäft, das die Mädchen praktisch eine Art leibeigene Erbuntertanen waren, und zu anderen Arbeiten nur Männer und Frauen angestellt werden durften, die nicht klöppeln konnten. Mädchen, die klöppeln konnten, mussten dies tun. Im Museum Tondern und in Drøhses Hus sieht man Beispiele für die alte Klöppelkunst.

1 *Die Marschen bei Tondern*
2 *Schleuse bei Hoyer*
3 *. . . und bei der Wiedau*

Das Tierleben im Wasser und auf den Wasserpflanzen ist ungewöhnlich reich. In den Marschgräben wurden mehr als 270 Tierarten, die im Wasser leben, gefunden. Wenn die Bewässerung gestoppt und Getreide angebaut wird, wachsen die Gräben mit der Zeit zu, z. B. mit Schilfrohr.

Wenn man auf den Deichen steht und über die flache Landschaft schaut, sieht man über junges Land. Tondern war ehemals eine Hafenstadt, und bevor die Eindeichungen begannen, gab es eine Bucht, wo sich das Süßwasser des Wiedau-Flusssystems mit dem Salzwasser des Wattenmeeres mischte. Das Meer wurde Schritt für Schritt zurückgedrängt.

Der erste Deich wurde 1553–1555 von Hoyer über Ruttebüll bis Lægan gebaut, wo 1556 eine Schleuse und ein neuer Hafen für Tondern errichtet wurden. Infolge neuer Einddeichungen verlegte man 1564 die Schleuse nach Ruttebüll. Der Alte Friedrichskoog wurde 1692 eingedeicht und der Ruttebüller Koog 1715, wodurch eine neue Schleuse bei Hjørnekro erforderlich wurde.

Schließlich wurde 1859–61 der Hoyer-Deich, von Hoyer bis zur heutigen Grenze, mit einer neuen Schleuse bei Hoyer erbaut. Dies waren die Deiche, die mit Mühe und Not der großen Sturmflut von 1976 widerstanden.

Der Außendeich und die Wiedau-Schleuse

Die neuen Deiche wurden 1400 Meter westlich des Hoyer-Deiches und parallel zu diesem gebaut. In früheren Zeiten legte man die Deiche am Rand des Vorlandes an. Der Außendeich wurde als einer der ersten in Dänemark direkt im Watt gebaut, 500 m westlich des Vorlandes. In dem deutsch-dänischen Gemeinschaftsprojekt beträgt die Länge des dänischen Teils des Deiches 8,6 km, die des deutschen Teils 3,6 km. Die Deichkrone liegt 7,45 m über NN; der Deich ist 85 Meter breit, das Vorland, wo eine ständige Ablagerung von Schlick stattfindet, ca. 150 m.

Das Wasser der Wiedau wird durch die 20 m breite, mit drei Kammern versehene Wiedau-Schleuse ins Wattenmeer geleitet. Ganz außen, zum Meer hin, befinden sich drei automatische Schleusentoranlagen; ganz innen, zum Land hin, gibt es drei Sturmschotten. An der Wiedau-Schleuse liegt das Naturzentrum Tonderner Marsch, das gutes Hintergrundwissen zur Tier- und Pflanzenwelt in Wattenmeer und Marsch vermittelt. Geöffnet täglich von 10–18. Tel. (0045) 7478 9222. Von hier aus gibt es in den Sommermonaten Schiffsverbindungen nach Sylt.

Südlich der Wiedau liegt ein 240 Hektar großer Salzwassersee, der als zusätzliches Reservoir für Flusswasser genutzt werden kann, primär jedoch dazu geschaffen wurde, die reiche Vogelwelt zu erhalten, die vor der Eindeichung im Vorland zu finden war.

Die Vögel in der Tonderner Marsch

Vögel sind immer in der Tonderner Marsch zu beobachten; sie gilt als das beste Vogelgebiet in Nordwesteuropa. Die meisten Gebiete sind öffentlich zugänglich, und von den Deichen bieten sich gute Aussichtsmöglichkeiten. Der Außendeich ist jedoch südlich der Wiedau vom 16. Juni bis 1. Oktober und vom 1. November bis 1. März nur tagsüber geöffnet.

Einige der seltenen Vögel, die man beobachten kann, sind die Trauerseeschwalbe, die Rohrdommel, der Feldschwirl, der Rohrschwirl, die Bartmeise und das gefleckte Sumpfhuhn. Die Hälfte der ca. 40 brütenden Wiesenweihe-Paare gehören in die Tonderner Marsch, und auch ungefähr 40 Rohrweihen leben hier.

Der Magisterkoog

Der Magisterkoog um den Ruttebüller See ist ein wunderschönes Natur- und Vogelgebiet. Man kann die sechs Kilometer von Ruttebüll nach Lægan auf dem Flussdeich entlang spazieren. Dieses Gebiet gehört zu denen, die als erste eingedeicht wurden.

An einem milden Sommertag ist der Weg besonders schön, wenn man mit etwas Glück das tiefe Pauken der Rohrdommel hören, die Wiesen- und Rohweihe beim Jagen beobachten und Watt-, Sing- und Entenvögel sehen kann. Blaukehlchen und Rohrschwirl haben in der Gegend zu nisten angefangen.

Uberg/Ubjerg

Südlich von Tondern liegt das Dorf Uberg auf der einzigen deutlichen Dorfwarft Dänemarks. Die ganze Stadt wurde ursprünglich auf einer Höhe als Schutz gegen Sturmfluten angelegt. Das Pfarrhaus ist das älteste im Land, errichtet 1674/75. Die Kirche, die ebenfalls von 1674/75 stammt, ist für einige amüsante Malereien auf der hölzernen Decke bekannt. Bjerremark, erbaut 1842, ist ein gutes Beispiel für einen großen Marsch-Hof. Der Hof ist heute vollständig restauriert. Westlich des Hofes kann man mit etwas Glück eine

Die Untat von Seth/Sæd

Östlich der neuen Straße Tondern-Seth-Niebüll, in der Stadt Seth, steht etwas entfernt vom Kiesweg ein Stein, das Schandmal, das für ewige Zeit Schande über die arme Karen Chrestens bringt.

Wir schreiben das Jahr 1712. Der Landesteil und besonders Seth werden von Armut, Krankheit und Krieg heimgesucht. Im armseligsten Haus der Stadt wohnt Karen Chrestens mit ihren vier Kindern, von denen das älteste 10 Jahre alt ist. Am 19. April versammeln sich Leute um das Haus. Sie haben gehört, dass etwas Schreckliches passiert sei. Karen hat einen todbringenden Brei gekocht und versucht, sich und ihre vier Kinder umzubringen.

Als die Leute eintreffen, sind die drei Jungen tot, Karen und die jüngste Tochter leben noch, sind jedoch in so schlechter Verfassung, dass sie am Tag darauf sterben. Die vier Kinder werden in geweihter Erde begraben, die Mutter bekommt ein „Hundebegräbnis". Am 21. April trifft sich die Rechtskommission an dem erbärmlichen Haus. Karens Leiche wird aus dem Fenster geworfen und an den Wegesrand gezerrt, wo sie wie ein Hund begraben wird. Ihr Grabstein, das Schandmal, steht hier immer noch.

1 Die Wiedau westlich von Ruttebüll
2 Siltoft

große Fischreiherkolonie mit 20 bis 30 Paaren beobachten.

Siltoft

An der Abfahrt zur Hoyer- und Wiedau-Schleuse kann man auch geradeaus weiterfahren. Es ist eine charakteristische Tour durch das flache Land in Ny Fredrikskog/Neuer Friedrichskoog. Das flache Grün wird in Richtung Westen von alten Deichen und nach Osten hin von uralten Deichen unterbrochen. Schließlich landet man am westlichsten Grenzposten Dänemarks bei Siltoft.

Die Wiedau/Vidå

Der 65 km lange Fluss ist der größte Wasserlauf Südjütlands; er sammelt auf einer ca. 1400 km^2 großen Fläche Süßwasser, hiervon 300 km^2 in Deutschland, und ist ein Zusammenfluss vieler größerer und kleinerer Flüsse und Bäche. Vor der Eindeichung strömte die Wiedau über ein großes Delta beim Ruttebüller See ins Wattenmeer. Heute wird sie durch Köge und die inzwischen sechs Schleusen geleitet, bevor sie das Wattenmeer an der Wiedau-Schleuse erreicht.

Entlang der Wiedau gibt es Flussdeiche, die ein Überschwemmen durch Rückstauwasser verhindern sollen. Als Teil eines großen Entwässerungsprojektes wurden nach der Abtretung Nordschleswigs (1920) 108 km Flussdeich und vier große Pumpstationen gebaut. Eine der vier Pumpstationen sieht man bei Lægan. In der Wiedau lebt und brütet u. a. der Schnäpel, ein seltener Lachsfisch.

Ruttebüll/Rudbøl

Ruttebüll ist der westlichste der zu-gänglichen Grenzübergänge und berühmt wegen des merkwürdigen Grenzverlaufs. Seit der Abtretung Nordschleswigs verläuft die Grenze durch die örtliche Straße. Die Grenzsteine mit den Nummern 242–247 liegen im Asphalt. Der Grenzstein Nr. 242 zeigt durch einen eigentümlichen Knick, dass die Grenze durch einige Gärten hindurch abbiegt. „D" bedeutet Dänemark und „DRP" Deutsches Reich Preußen.

Die Grenzübergänge

Die Grenze entspricht in ihrem heutigen Verlauf im Großen und Ganzen immer noch der von 1920. Von Zeit zu Zeit wird sie aufgrund neuer Straßen und Wege reguliert oder verlängert, wie zuletzt, als sich durch den Außendeich die Grenze 1400 Meter nach Westen verschob. Im Gebiet Tondern gibt es bei Seth, Aventoft und Ruttebüll öffentliche Grenzübergänge, darüber hinaus einen kleinen örtlichen Übergang bei Siltoft.

Mögeltondern/Møgeltønder

Mögeltondern bedeutet eigentlich Groß-Tondern/Store Tønder, und Tondern hieß bis um 1400 eigentlich Klein-Tondern/Lille Tønder. Die Stadt wird schon 1130 als Ankerplatz erwähnt, aber aufgrund der immer schwierigeren Verhältnisse für die Schifffahrt wurde der Hafen nach Tondern verlegt.

Mögeltondern ist berühmt für die außergewöhnlich hübsch gepflasterte Schlossstraße mit Lindenbäumen und gut erhaltenen historischen Häusern. Am bekanntesten ist Mögeltondern heute, weil Prinz Joachim und Prinzessin Alexandra das Gut Schackenborg übernommen und sich hier niedergelassen haben.

Schackenborg wurde auf den Ruinen des alten Mögeltondernhauses errichtet, das 1661 der Feldherr Hans Schack erwarb. 1662 wurde zunächst mit dem Bau des jetzigen Südflügels von Schackenborg begonnen, später folgten der westliche Hauptflügel und der Nordflügel, die 1666 fertig gestellt waren.

Prinz Joachim zog 1993 auf Schackenborg ein, wodurch aus einem Herrensitz ein Schloss wurde. Bis 1997 wurden umfassende Restaurierungen durchgeführt. Im Schlossgarten von Schackenborg werden Führungen veranstaltet. Der Garten Sønderhave südlich der Landstraße ist ebenfalls einen

1

2

3

4

1 Mögeltondern
2 Grenzübergang, links die dänische Seite, rechts die deutsche
3 Schackenborg
4 Der Ruttebüller See

Etwas andere Gaststätten
In Tondern und Umgebung wimmelt es nur so von sehr vornehmen und auch einfacheren Gaststätten. Es gibt reichlich Gelegenheit für ein gutes Essen in historischem Ambiente oder umgeben von Natur.

Südjütländische Dauerwurst
Wenn man gute Dauerwurst haben will, muss man nach Südjütland gehen, das wissen alle und jeder. Mehrere Fleischer, u. a. in Hoyer und in Tondern, sind landesweit bekannt, ja, man kann sogar Dauerwurst bestellen und diese per Post zugeschickt bekommen. Handwerk und gute Rohware lautet das Schlüssel-, oder richtiger: Wurstwort.

Hier einige Beispiele für die guten Würste ohne Farb- und Zusatzstoffe, die man bekommen kann: Südjütländische Dauerwurst, Grobe Südjütländische Dauerwurst, Schinkendauerwurst, Pfefferdauerwurst, Kräutersalami, Südjütländische Salami, Italienische Knoblauchsalami, Lammdauerwurst aus der Marsch, Hildesheimer Leberwurst, Landleberwurst, Goldene Sardelle, Wienerwürste, Zwiebeldauerwurst, Hoyer Teewurst, Lyonerwurst.

Besuch wert. Fremdenverkehrsbüro Tondern. Tel. (0045) 7472 1220.

Die Kirche von Mögeltondern ist eine der größten Dorfkirchen Däne-marks. Sie entstand in mehreren Bau-phasen von ca. 1275 bis 1630, als der Turm errichtet wurde. In der Kirche, die in den letzten Jahren umfassend restauriert wurde, gibt es sehenswerte Kalkmalereien und ein prächtiges gotische Altarbild.

Gallehus

Der Name Gallehus wird uns immer an einen unbeschreiblichen Verlust historischer Quellen erinnern. Hier wurden die berühmten „Goldhörner" gefunden. Das erste Goldhorn fand 1639 die Klöpplerin Kirsten Svendsdatter, das zweite einhundert Jahre später (1734) der Häusler Erik Jerk Lassen. Die Goldhörner werden auf ca. 400 datiert. Sie wurden 1802 aus der Kunstkammer in Kopenhagen gestohlen und eingeschmolzen. Ein Gedenkstein bei Gallehus verweist auf den Fundort.

Hoyer/Højer

Hoyer wird 1231 im Katasterbuch König Waldemars genannt. Die Bauernstadt erlebte einen Aufschwung ab ca. 1500, als Tonderns Niedergang als Hafenstadt einsetzte und Hoyer die Rolle als Verschiffungshafen für Vieh übernahm. Diese Blütezeit setzte sich bis zum Ende des 18. Jahrhunderts fort.

1736 erhielt Hoyer dann den Status eines Flecken, eines größeren Dorfes mit kleinstädtischer Prägung, jedoch ohne Stadtrecht. Heute ist Hoyer eine Art natürlicher Ausgangspunkt für eine Tour nach Norden entlang der Deiche bis Emmerleff Kliff und nach Süden in Richtung Grenze durch die Köge.

Hoyer selbst hat mehrere Sehenswürdigkeiten zu bieten. Es gibt hier malerische Straßen mit uralten Häusern. In der Skolegade 3 steht das älteste Haus der Stadt von 1703.

Die Hoyer Mühle

Bei der Mühle, einer der höchsten Holzwindmühlen Nordeuropas, handelt es sich um eine holländische Windmühle mit einer Haube in Form eines um-

gedrehten Bootes. Sie wurde 1857 gebaut, 1976 gründlich restauriert und beheimatet heute ein außerordentlich interessantes Museum. Das Mühleninventar ist im Großen und Ganzen intakt.

Die Ausstellung in der Mühle zeigt u. a. Modelle der Hoyer-Schleuse und der Wiedau-Schleuse, es gibt Schautafeln zu Marsch und Kögen, Schiffen und Schiffern in der Marsch und nicht zuletzt eine Ausstellung zu Sturmfluten. Dazu kommen laufend Sonderausstellungen im Speichergebäude. Ein sehr informativer Zugang zum Verständnis der besonderen Geschichte, Kultur und Natur dieser Gegend. An der Hoyer Mühle ist auf 1200 m^2 ein westschleswigscher Bauernhof angelegt.

Die Kirche von Hoyer

Diese spätromanische Kirche wurde um 1200 aus Granitquadern, Backstein und Tuff erbaut. Die Vorhalle ist von ca. 1700. Hier hängt eine Eisenkette mit einem Halsring, der Pranger. Das Kruzifix stammt von ca. 1250, der Altar von ca. 1450.

1 Haus in Hoyer

2 Hoyers Mühle

RÖM

An jeder Seite des Damms nach Röm/Rømø reicht breites, grünes Vorland einige hundert Meter hinaus ins Meer. Dann geht es ganz leicht bergab in Richtung Röm – größte Insel in der Region Nordschleswigs und zehntgrößte Insel Dänemarks. Röms Fläche beträgt zwischen 80 km^2 und 145 km^2. Diese Abweichungen sind dem Haffsand/Havsand und dem Juvrer Sand/Juvresand zu verdanken. Die 1 bis 4 km breiten Sandstrände wachsen ständig gegen Westen und verändern die nierenförmige Gestalt der Insel in eine rechteckige.

Röm ist vom Meer erschaffen und vermutlich nur einige tausend Jahre alt. Den Anfang bildete ein Hochsand, wo vom Wind zusammengetriebene Dünen schließlich Halt fanden.

Die geologische Geschichte Röms lässt sich verfolgen. Im Westen wird immer neues Land gebildet. Dem breiten Strand mit neuen Kleindünen folgt ein Gürtel älterer Dünen, die das Meer nur bei Sturmfluten erreicht. Dahinter folgt ein ca. 1 km breiter Gürtel, „Der Strand", der bis 1800 einen Teil des alten Vorstrandes bildete. Das Gebiet ist eine Niederung, die bei Sturmflut an einigen Stellen immer noch überschwemmt werden kann.

Östlich von hier liegt Röms altes Kernland aus Dünen, die heute Schonungen oder Dünenheide sind. Die großen Dünen waren vor einigen hundert Jahren Meeresdünen. Die Schonungen wurden zwischen 1923–1933 angepflanzt, um das Sandtreiben einzudämmen. Hier sieht man große Parabeldünen. Ackerland und Städte finden sich hauptsächlich im nächsten Gürtel in östlicher Richtung, auf den Marsch und Wattenmeer folgen.

Röm ist bekannt für die „Kapitänshäuser" (Kommandørhuse) mit hübsch bemalten Türen und Schnitzereien. Noch kurioser sind die Sommerhäuser bei Lakolk mit Türmen und Spitzen. Pastor Jacobsen aus Scherrebek/Skærbæk hatte die Idee für das Nordseebad Lakolk, wo man um 1900 Badehotels und Blockhütten baute.

1 *Der Röm-Damm*
2 *Der Strand von Röm*
3 *Schilder am Strand von Röm*

Die Touristen wurden mit von Pferden gezogenen Straßenbahnwagen von Kongsmark nach Lakolk den Schienenweg (Skinnevej) entlang transportiert. In wirtschaftlicher Hinsicht bedeutet der Tourismus heute die Rettung für Röm.

Die Kapitäne

Um das Jahr 1600 lebten auf Röm ca. 1500 Menschen, d. h. fast doppelt so viele wie heute. Die mageren Sandäcker konnten die Bevölkerung der Insel nicht ernähren, auch kein Nebenerwerb wie Fischerei, Vogeljagd und Robbenfang. Der Reichtum, der in den vielen schönen und reich ausgestatteten alten Höfen zum Ausdruck kommt, ist der Seefahrt zu verdanken. Viele Schiffe hatten ihren Heimathafen auf Röm. In Zollbüchern der Zeit sieht man, dass 32 Schiffe hierher gehörten. Im Vergleich dazu hatten die Kaufleute von Ripen nur 14 kleinere Schiffe.

Diese guten Zeiten gingen mit der unglücklichen Torstenssons-Fehde 1643 jäh zu Ende, als die Schweden 26 der Schiffe der Insel verbrannten. Das Kapital war dahin und die Verdienstmöglichkeiten im Großen und Ganzen auch. Es gab jetzt viele Seeleute, aber keine Schiffe.

Diese Seeleute heuerten dann gewöhnlich auf fremden, insbesondere holländischen Schiffen an. Hier erfuhren sie von den großen Möglichkeiten in den Gewässern um Grönland. Die Holländer wussten seit 1596, dass es dort oben riesige Walherden gab. Die Seeleute von den nordfriesischen Inseln schufen sich mit diesen Schiffen ein gutes Vermögen. Viele tüchtige Seeleute blieben nicht nur einfache Matrosen, sondern wurden Skipper – Kapitäne auf den holländischen Walfängern.

Neben den hübschen Kapitänshöfen, die man immer noch auf Röm sieht, hinterließen die Kapitäne weitere kulturelle Spuren. Auf den Friedhöfen der nordfriesischen Inseln gibt es oft sehr eigentümliche Grabsteine, die so genannten „Kapitänssteine" (Kommandørstene), die vom Leben der Kapitäne erzählen. In vielen Fällen steht dort geschrieben, wie viele Wale der betreffende Kapitän gefangen hatte. Auf Röm findet man Kapitänssteine bei der St. Clemens-Kirche.

Die Schonungen

Ursprünglich wurden die Schonungen Wraaby/Vråby, Kirkeby und Twismark/Tvismark zum Schutz gegen das Sandtreiben angepflanzt, und um den östlich gelegenen landwirtschaftlich genutzten Feldern Windschatten zu geben sowie um der Inselbevölkerung, der es an Holz fehlte, Heizmaterial zu liefern. Heute sind die abwechslungsreichen Schonungen schöne und andersartige Naturlandschaften. Hier gibt es markierte Wanderrouten, die durch eine abwechslungsreiche Landschaft von Dünen und Dünenheide führen. Die Bepflanzung besteht aus Bergkiefern, Waldkiefern und Österreichischen Kiefern sowie in jüngeren Gebieten aus Eichen, Buchen und Birken, Sitka-Tannen und Contorta-Kiefern. In den Schonungen liegen die höchsten Punkte der Insel: Spidsbjerg, Stagebjerg und Høstbjerg, mit Höhen von bis zu 20 Meter.

Das Kapitänshaus des Nationalmuseums

Das Kapitänshaus (Kommandørshus) aus dem Jahre 1748 ist ein einzigartiges Beispiel für die Wohnungen reicher Kapitäne Ende des 18. Jahrhunderts. Es gibt hier sehr schöne Interieurs, und Decken, Türen und Wände sind mit Malereien verziert. Die Außenwände und Kamine sind mit holländischen Kacheln verkleidet.

Der Hof ist, wie andere Höfe auf Röm aus dem 18. Jahrhundert, stark vom friesischen Baustil inspiriert. Aber das Kapitänshaus hat einen anderen Grundriss, und der Baustil ist vornehmer als üblich. Tel. (0045) 7475 5276.

Die älteste und kleinste Schule Dänemarks

Etwas südlich vom Kapitänshaus liegt ein kleines, entzückendes Gebäude. Eine ehemalige Schule, in der von 1784 bis 1874 bis zu 40 Kinder auf einmal unterrichtet wurden. Der Lehrer war ein alter Kapitän.

Juvre

Die Insel war früher sehr arm an Bäumen; deshalb brachten die Walfänger oft die großen Knochen der Wale mit nach Hause, die an Stelle von Bauholz als Pfähle verwendet wurden. In Juvre ist ein Zaun zu sehen, der aus Walknochen gefertigt wurde. In einen der Knochen ist die Jahreszahl 1772 eingeritzt. Dieses seltene Zeugnis aus der Walfängerzeit steht unter Denkmalschutz. In und um Juvre liegen ansonsten mehrere hübsche, alte Höfe aus dem 18. Jahrhundert.

1 Kapitänshaus
2 Zaun aus Walknochen

Die St. Clemens-Kirche

Diese Kirche, die dem Schutzheiligen der Seefahrer geweiht ist, stammt aus dem 17. bis 18. Jahrhundert, wurde jedoch mehrfach umgebaut. Unter dem

niedrigen Balkendach der Kirche hängen fünf Schiffsmodelle.

Auf dem Friedhof sieht man eine Reihe „Kapitänssteine" (Kommandørstene). Diese Steine, die von Holland mit nach Hause gebracht wurden, erzählen die Lebensgeschichte in Wort und Bild. Auf einem der Steine ist zu lesen: „Meine Fahrt ist vollendet. Mein Hafen ist gut. Die Freude ist groß". Auf anderen Steinen gibt es Aufschriften, die etwas lustiger über die Arbeit auf den Walfängerschiffen erzählen.

Etwas südlich der Kirche liegt Röms alte Rettungsstation.

Das Naturzentrum Tennisgård

Das Zentrum ist in einem, alten Kapitänshof untergebracht. Hier gibt es Dauerausstellungen über die Natur Röms und im Vortragssaal des Zentrums Wechselausstellungen von Arbeiten der Künstler der Region.

Das Naturzentrum veranstaltet Wander- und Fahrradtouren zu interes-

1 Die St. Clemens-Kirche
2 Kapitänssteine
3 Die Südspitze Röms
4 Der Damm nach Röm

santen Natur- und Kultursehenswürdigkeiten. Darüber hinaus werden Vorträge gehalten sowie kurze Kurse und Veranstaltungen durchgeführt, bei denen man z. B. lernen kann, Holunderflöten zu bauen, zu klöppeln oder Dekorationen aus Muschelschalen herzustellen. Havnebyvej 30, Twismark, Tel. (0045) 7475 5257.

Borrebjerg

Bei Østerby auf der Heide Østerhede liegt nahe der Küste Borrebjerg. Es ist nur eine Warft übrig geblieben, von der man annimmt, dass in der Wikingerzeit oder im Mittelalter dort eine Burg lag.

Havneby

Havneby ist eine kleine Stadt und ein moderner Fischereihafen, 1964 eingeweiht, mit den für die damalige Zeit typischen Villenvierteln. Die Lage an der Tiefe Römer Tief/Rømø Dyb ermöglicht es, das offene Meer über die Lister Tiefe/Listerdyb zu erreichen. Es ist kein großer Fischereihafen; das Wichtigste ist der Fremdenverkehr, d. h. die Fährverbindung nach Sylt. Viele wählen diesen billigeren Weg zur Touristeninsel. Von Havneby veranstaltet die Fährgesellschaft von April bis Mitte September u. a. Touren zu den Seehundbänken.

Geht man auf dem Deich bei Havneby in Richtung Westen, kommt man in eine sehr schöne Gegend mit einer reichen Vogelwelt.

Die breiten Strände

Röm hat einige der besten Strände Europas. Bis auf das Militärgebiet im Norden sind die Strände für jeden zugänglich. Es ist auch erlaubt (mit Ausnahme eines kleinen Gebiets südlich von Lakolk), mit dem Auto bis auf den Strand zu fahren. Südlich sind Windsurfer-Zonen, und ganz unten am Südstrand gibt es markierte Bereiche für Kite-Buggy-Fahrer und Strandsegler. Bei Lakolk gibt es ein Minimuseum, das über Röms Entstehung, die Kräfte der Gezeiten sowie die Tier- und Pflanzenwelt berichtet.

Unvorhersehbare Reaktionen

Die Wassermassen treffen an der Ostseite von Röm an der Skellod Bank aufeinander, die eine Wasserscheide zwischen den beiden Gezeitenzonen bildet. So sah es vor dem Bau des Damms aus. Man legte den Damm auf dieser Wasserscheide an, bei Röm jedoch etwas südlich davon, um die Straßenverbindung nicht direkt an den nordöstlichsten Zipfel der Insel zu führen. Die Natur reagierte auf diese Fehlplatzierung sofort. In Sturmzeiten ist jetzt Platz für mehr Wasser aus dem Juvrer Tief, nördlich des Damms. Nach dem Sturm, wenn es auf Ebbe zugeht, müssen jetzt größere Wassermassen durch das Juvrer Tief heraus. Das führt zu Erosion und Brüchen am Juvre-Deich, der vom Meer weg gesetzt werden muss. Das geschah zuletzt 1965, als 1,5 km Deich umgesetzt wurden.

Wale

Vor gut 200 Jahren zogen die Kapitäne von Röm auf Walfang hinaus. Jetzt scheint es, als kämen die Wale nach Röm. Im März 1996 strandeten 16 junge Pottwalbullen im flachen Wasser nördlich von Lakolk. Jeder der Wale wog etwa 25 Tonnen und hatte eine Länge von 12–13 Metern. Es war die größte Strandung von Walen des letzten Jahrhunderts und auch die größte, bislang in Dänemark bekannte. Im Dezember 1997 verirrte sich erneut eine Herde von Walen an den Strand, Pottwale und wiederum junge Bullen.

Man weiß nicht mit Sicherheit, was die Ursachen für diese unglücklichen Strandungen sind. Einige Theorien laufen darauf hinaus, dass das Navigationssystem der Wale in flachem Wasser und auf schwach abfallendem Meeresboden, wie vor Röm, außer Kraft gesetzt wird. Diese Küstenform gibt es aber auch an anderen Stellen des Wattenmeers, sodass diese Erklärung etwas rätselhaft ist.

Die Walstrandungen lockten einen großen Strom Neugieriger und Interessierter an – der Röm-Damm war so befahren wie an den Tagen, an denen in einem deutschen Bundesland die Sommerferien beginnen.

Die großen Walstrandungen ergeben natürlich auch Probleme. Es ist schwierig, 300 Tonnen Fleisch wegzuräumen (dafür sorgt die Wald- und Naturbehörde), und der Geruch ist nach einigen Tagen unbeschreiblich. Tote Wale riechen äußerst unangenehm: Der Geruch bleibt in Nase, Kleidern und selbst an Gummistiefeln hängen.

Man sollte nicht der Versuchung nachgeben, für ein Bild im Familienalbum auf einen toten Wal zu klettern. Die Wale entwickeln Gase, die sich in der enormen Körperhöhle sammeln. Wenn der Pottwal dann nach einigen Tagen etwas rundlich aussieht, sollte man sich besser von ihm fern halten. Dies musste auch ein Tourist am eigenen Leibe erfahren, der durch sein Gewicht auf dem Körper des Wals eine kleinere Explosion auslöste. Der Wal platzte und entließ seine Gase und die verrotteten Eingeweide. Der Mann wurde weggeschleudert und mit einer Portion verfaultem Wal überschüttet. Noch lange danach roch er erbärmlich.

Vögel auf Röm

Auf Röm gibt es sehr viele und äußerst gute Möglichkeiten für Vogelbeobachtungen. Hier sind immer Vögel, aber von April bis Mai und von August bis September haben die Vogelzüge ihren Höhepunkt.

Gute Stellen sind am Lakolk See, wo die Rohrdommel zu hören ist. Das Naturschutzgebiet Stormengene und das Vorland des Röm-Damms sind sichere Plätze für Wasservögel. In den Schonungen Kirkeby und Wraaby brütet die Nachtschwalbe. Auf der Insel kann man auch die Wiesenweihe, die Bartmeise, den Feldschwirl, die Sumpfohreule, die Waldohreule und den Neuntöter beobachten, um nur einige wenige zu nennen.

Die Zugvögel sind ein Kapitel für sich. Große Schwärme weit verbreiteter Wasservögel, u. a. Säbelschnäbler, sammeln sich im August am Röm-Damm. Bis zu 100000 Alpenstrandläufer sind zu beobachten.
Besuchern wird es leicht gemacht. An vielen Stellen gibt es Informationstafeln, u. a. am Röm-Damm, in dem von der Vogelstiftung geschaffenen Naturschutzgebiet Stormengene und bei Lakolk. Man muss sich also nur ein Fernglas und ein Teleobjektiv nehmen und dann einfach ins Erlebnis los fahren. Dabei ist zu beachten, dass die militärischen Übungsgebiete im Nordteil der Insel gesperrt sind und dass das Naturschutzgebiet Stormengene und der Lakolk See in der Brutzeit nicht betreten werden dürfen.

Der Röm-Damm

Der Damm, mit dessen Bau man 1939 begonnen hatte, wurde aufgrund des Krieges erst 1948 fertig gestellt. Der Damm ist eine wesentliche Voraussetzung für den Erfolg Röms als Touristeninsel. In der Sommerzeit passieren ihn bis zu 50000 Autos täglich. Am Damm ist zu sehen, wie mit Grübbel-Rinnen und Faschinenzäunen neues Land gewonnen wird. Diese Praxis ging in der Mitte der 90er Jahre zu Ende. Die Faschinenzäune werden nicht mehr gepflegt, und es werden keine Rinnen mehr gegraben.

Auf dem Damm darf man nur an den beiden Rastplätzen anhalten. Hier sind auch Informationstafeln aufgestellt, und man kann die reiche Vogelwelt im Watt und im Vorland beobachten. Der Röm-Damm ist 9,2 km lang; seine Höhe beträgt bei Röm 5 Meter und an der Küste Jütlands, wo sich das Wasser bei Sturmflut höher aufstaut, 6 Meter. Die großen Sturmfluten richten oft Schaden an, zuletzt beim Dezemberorkan 1999, als große Teile der Nordseite des Damms zerstört wurden.

Die Inseln wachsen gen Westen

Schaut man sich eine Karte vom Wattenmeer an, kann man mit ein wenig gutem Willen einen Bogen von Blåvands Huk nach unten über Skallingen, Fanø, Mandø und Röm bis nach Sylt ziehen. In diesem Gebiet an den Hochsanden westlich von Fanø, Mandø und Röm ist ein Zuwachs zu beobachten. Die Inseln wachsen unaufhörlich in Richtung Westen. Die breiten Strände werden noch breiter. Wenn die kleinen Stranddünen schließlich eine Pflanzendecke erhalten, sodass sie den Winterstürmen widerstehen können, wachsen die Dünengürtel immer weiter gen Westen. Hier gibt es nämlich ein Gleichgewicht zwischen angespültem und abgetragenem Material. Die Balance ist dem Moränenkern in der Mitte Sylts und der Lehmzunge Horns Rev nordwestlich von Blåvands Huk zu verdanken. Das Einzige, was die Inseln daran hindert, zu einer großen Barriereninsel zusammenzuwachsen, sind die Tiefen, die dem Wattenmeer zwei Mal innerhalb von 24 Stunden eine Million km^3 Wasser zuleiten und wieder ableiten.

SCHERREBEK UND DAS GEBIET BREDEBRO

Das in diesem Abschnitt beschriebene Gebiet reicht von Bröns/Brøns im Norden bis Emmerleff Kliff/Emmerlev Klev im Süden und zehn Kilometer ins Land hinein. Das Landschaftsbild wechselt zwischen Vorland, Deich, Marsch, Heideflächen, Geesträndern und Warften.

Das Gebiet um Ballum ist nur durch einen kleinen Sommerdeich geschützt, und südlich von Kohlby/Kolby gibt es keine Deiche. Ursache dafür ist, dass die Warft Jerpstedt/Hjerpsted hier bis an die Küste heranreicht und einen gewissen Schutz gegen Sturmfluten bietet. Bei Jerpstedt ist die Warft 14 m hoch und bietet einen 100%igen Schutz. Weiter nördlich bei Ballum beträgt die Höhe nur 3 m und Sturmfluten über dieser Höhe führen zu Überschwemmungen. Oft ist das Dorf Buntje Ballum besonders stark betroffen.

Nördlich von Ballum werden die Wiesenlandschaft Ballum Enge und das Hinterland durch den Ballum-Deich von 1914–1916 geschützt. Die Ballummarsch ist unbewohnt. Die Brede Au/Brede Å entwässert das Hinterland und mündet ins Wattenmeer durch die Ballum-Schleuse, die zwei selbsttätig öffnende Schleusentore hat. Bevor der Röm-Damm errichtet wurde, befand sich die Flussmündung nördlich des Damms.

Ein paar Kilometer nördlich des Röm-Dammes endet der Ballumdeich. Hier folgt wieder ein Gebiet ohne Deiche. Die „Hügelinsel" Toftlund Bakkeø, die sich fast bis zur Ostküste erstreckt und am höchsten Punkt 62 m hoch ist, hat hier den kleinen Ausläufer Astrup Banke, der vor Sturmflut schützt. Nördlich hiervon beginnt der Reisby-Deich (1923/24) mit seiner tragischen Baugeschichte. Der Reisby-Deich brach während des Dezemberorkans 1999 auf einer Länge von 70 Metern. An mehreren Stellen wurde der Deich durch Wellenüberschlag beschädigt, die den Deich von hinten erodierten.

1 Die Brönser Kirche

Die größten Städte sind Scherrebek/Skærbæk mit rund 3150 Einwohnern und Bredebro mit ca. 1600 Einwohnern.

Die Kirche von Bröns/Brøns

Die längste und zweitgrößte Kirche Dänemarks (die größte liegt in Vestervig in Thy). Erbaut aus vulkanischem Tuffgestein zwischen 1200 und 1225. Die Dachkonstruktion ist mit Zimmermannsrunen nummeriert, und der Name des Zimmermanns, Didrik, ist über der Apsis eingeritzt. Der Turm aus Backstein stammt aus dem späten Mittelalter, das Inventar aus dem 17./18. Jahrhundert. Entlang der Wand befindet sich eine Darstellung der Leidensgeschichte, mit zwei Bildern, die als Kritik des Papstes und des Katholizismus gedeutet werden können. Die Bilder wurden vermutlich im Jahrzehnt vor der Reformation (1536) gefertigt.

Das Museum Skærbæk

Das Heimatmuseum ist in einem Handelshof von 1909 eingerichtet. Es ist auf Ausstellungen über die alltägliche Arbeit der Menschen in den vergangenen 150 Jahren spezialisiert; Themen sind

1 Misthusum
2 Die Ballum-Schleuse
3 Die fetten Marschböden

Der Schwurweg

Der Schwurweg (Den Svorne Vej) führt zum Markmandshuset und zu den Wegen in der Husum Enge. Man erzählt sich, dass die Bauern aus Misthusum mit den Bauern aus Hiemstedt/Hjemsted Streit darüber hatten, wer ein Anrecht auf das Wegstück durch die flachen Wiesen hat. Eine Einigung war unmöglich, und die Obrigkeit bestimmte, dass die Angelegenheit durch Ablegen eines Schwurs entschieden werden sollte.

Die zwölf Bauern von Misthusum sollten schwören, dass sie ein Gewohnheitsrecht auf das Befahren des Weges hatten, während sie darauf standen. Um also keinen falschen Schwur zu leisten, füllten Sie Erde von ihrem eigenen Stadtweg in die Stiefel, so dass sie schwören konnten, sie stünden auf eigenem Land.

Elf Bauern schworen, der Zwölfte war verhindert. Die Meineid-Schwörer kamen aber alle unglücklich ums Leben.

u. a. Röm-Stuben, Walfang, die deutsche Zeit von 1864 bis 1920, der Erste Weltkrieg, die Abtretung Nordschleswigs und die Besatzungszeit. Storegade 47, Skærbæk, Tel. (0045) 7475 2052.

Der Vorzeit-Erlebnispark Hjemsted

Der Vorzeit-Erlebnispark Hjemsted ist eine Mischung aus Erlebnispark und Museum. Im Erlebnispark kann man sich in die Zeit um das Jahr 0 versetzen. Hier gibt es den Hof aus der Eisenzeit, römische Legionäre und große Wurfmaschinen in Funktion.

Der Erlebnispark liegt dort, wo man Ende der 70er Jahre Dörfer und Gräber aus der Eisenzeit ausgegraben hat. Im Museum werden einige dieser Funde gezeigt. Hjemstedvej 60, Skærbæk, Tel. (0045) 7475 0800.

Misthusum

Von den Parkplätzen auf der Wegstrecke 419 und dem Hjemstedvej folgt man den markierten Wegen mit Informationstafeln bis zu einem Backsteinhaus, dem Markmandshuset von 1814, das für den Aufseher der Felder, den Markmann, oder den Dorfhirten errichtet wurde. Es ist das letzte Haus in Misthusum, einst ein Dorf mit 11 Höfen, die sich auf acht Warften verteilten. Die Warften sind noch heute deutlich zu erkennen.

Misthusum wurde von der Sturmflut 1362 hart betroffen und bei der großen

Flut 1634 gänzlich zerstört. Misthusum wurde wieder aufgebaut, in der Hoffnung, dass die Warften ausreichend Schutz bieten würden.

1720 kam wieder eine Sturmflut, die den größten Teil dessen, was mühsam aufgebaut worden war, zerstörte, und schließlich wurde das Dorf verlassen.

Die Leute hatten genug und zogen in die sichere Geest bei Hiemstedt. 1825 war Schluss, der letzte bewohnte Hof wurde geräumt. Damit war ein Schlusspunkt hinter eine Geschichte gesetzt, die 500 Jahre vorher begonnen hatte, als sich die Friesen von Süden her kommend hier als Erste niederließen.

Am Markmandshuset sieht man deutlich einen „Fething", ein Sammelbecken für Regenwasser und Tauwasser. Die Warften südlich des Hauses treten in der flachen Landschaft sehr deutlich hervor, und man sieht hier ebenfalls Spuren von Fethingen.

Auf dem Weg in südliche Richtung entlang des Markmandspfades kommt man zum alten Mühlhaus, in dem heute ein Museum eingerichtet ist (Eintritt frei). Die kleine Ausstellung ist schlicht, aber recht interessant. Im Sommer werden hier einige Mühlen aufgestellt, die mit Hilfe einer Archimedes-Schraube Frischwasser vom Wasserlauf der Marsch zu den Tieren hinaufpumpen.

Eine kleine Brücke führt über den „Toten Arm" (Døde Arm), Reste der Brede Au, als früher die Mündung zum Wattenmeer ungefähr drei Kilometer nördlicher lag.

Heute fließt die Brede Au als gerader Wasserlauf durch die Marsch von Bredebro zum Wattenmeer. Entlang dieses Wasserweges befinden sich die gewundenen, abgetrennten Reste der alten, nicht begradigten Brede Au. Der Weg zum Wattenmeer führt durch die Ballum-Schleuse, die ca. 500 Meter vom Mühlhaus entfernt liegt. Hier ist eine fantastische Aussicht auf das Vorland, den Röm-Damm und Röm. In der Brutzeit kann man Kampfläufer, Strandläufer und Säbelschnäbler beobachten, und während des Vogelzuges im Frühjahr und Herbst gibt es Kurzschnabelgänse, Weißwangengänse und Ringelgänse zu Tausenden.

Die Brede Au fließt wieder in Windungen

Die Brede Au und seine Zuläufe bestehen aus mehr als 1000 Kilometer Gräben und Wasserläufen. Das System entwässert ein Gebiet von ca. 473 km^2. Die Brede Au wurde 1950, wie viele andere Wasserläufe in Dänemark, zu einer Wasser-Autobahn begradigt, die das Wasser wegleiten sollte, so dass tiefer liegende Gebiete entlang des Flusses bewirtschaftet werden konnten.

Nachdem man sich mit den Grundstückseigentümern geeinigt hatte, begann der Kreis Sønderjylland in den 1990er Jahren, 25 km der Brede Au in ihren natürlichen Lauf zurück zu führen. Heute kann man dem Fluss durch das hübsche Flusstal auf einem 9 km langen markierten Wanderweg zwischen Lügumkloster/ Løgumkloster und Bredebro folgen.

Ballum Enge

Ballum Enge besteht überwiegend aus weiten Marschwiesen, die teils abgegrast und teils bestellt werden.

Von den Marschwegen und Deichen gibt es eine herrliche Aussicht auf brütende Schnee-Enten, Krickenten, Austernfischer, Rotschenkel und Uferschnepfen, um nur einige wenige zu nennen. Auf der Marsch, jedoch besonders im Vorland, sind oft Tausende von Vögeln bei der Rast und beim Fressen zu beobachten. Im Winter und während des Frühjahrszuges gibt es hier ungewöhnlich viele Gänse. Hier sieht man unter vielen anderen die Kurzschnabelgans, die Weißwangengans und die dunkelbauchige Ringelgans.

Randrup/Randerup

Am bekanntesten ist Randrup als Geburtsstätte des Kirchenlieddichters und Pfarrers Hans Adolf Brorson (1694–

Schloss-Ruine Troiburg

1764). Auch Brorsons Vater und Großvater waren Pfarrer hier in dieser schönen und schlichten Dorfkirche. Brorson selbst von 1721 bis 1729. 1737 wurde er Domprobst in Ripen, wo er vier Jahre später Bischof wurde.

1729–1737 war Brorson Pfarrer in Tondern.

Söllstedter Moor/Sølsted Mose

Südlich von Bredebro liegt das Söllstedter Moor, das zu großen Teilen durch intensive Torfgewinnung geprägt ist. Der Wasserstand ist inzwischen abgesunken, wodurch sich Bäume wie Weiden, Birken und Espen ausgebreitet haben, an einigen Stellen bis zu dichtem Gestrüpp. Dies war für einige der empfindlicheren Moorpflanzen vernichtend.

Anfang der 1990er Jahre führte der Kreis Sønderjylland ein Projekt zur Erhöhung des Wasserstandes im Moor durch. Man räumte auch einen Teil des Gestrüpps. Diese Pflegemaßnahmen ermöglichten ein reicheres Tier- und Pflanzenleben.

In den Feuchtgebieten des Moores wächst der rundblättrige Sonnentau. Hier gibt es auch den Sprosser, die Beutelmeise, den Feldschwirl, den Sumpfrohrsänger und das Braunkehlchen, den Birkenzeisig, den Neuntöter und die seltene Weidenmeise. An der Windmühle ist eine Informationstafel angebracht.

Troiburg/Trøjborg

Südwestlich von Bredebro, in der Nähe von Wiesby/Visby, liegt die gespenstische Schlossruine Troiburg hinter doppelten Wallgräben.

Einstmals war es ein prächtiges Renaissanceschloss mit vier schlanken Treppentürmen, die mit Zwiebelkuppeln gekrönt waren. Heute steht man vor der großen Südmauer, wenn man über die Brücke geht.

Die Hauptfassade mit dem Eingangsportal und der Sandsteintafel wies nach Norden. Dieses Portal ist aus Beton rekonstruiert worden und immer noch zu sehen.

Der Erbauer des Schlosses, das 1680 fertig gestellt wurde, war Peter Rantzau. Eigentlich hatte der Bruder, Feldherr Daniel Rantzau, das Gut von Frederik II. erhalten. Aber Daniel erbte den Besitz, denn sein Bruder wurde 1669 von einer Kanonenkugel am Kopf getroffen.

Der letzte Besitzer des Schlosses war Knud Laststen Knudsen, der das Gut 1851 kaufte. Er machte sich nichts aus dem Schloss und bot es dem Staat an. Er schlug vor, es als Lehrerseminar zu nutzen – und erhielt eine Ablehnung. Knudsen beschloss daher, das Schloss abzureißen, damit seine Kinder keine Gutsbesitzerallüren bekämen.

Das Schloss war ursprünglich aus altem Mauerwerk gebaut. Seit 1347 gab es an dieser Stelle eine Burg. Bei archäologischen Untersuchungen in den 1960er Jahren fand man Reste einer mittelalterlichen Burg – ein 30 mal 30 Meter großer Burgkomplex, der einen mächtigen und vermutlich hohem Festungsturm mit vier Meter dicken Mauern hatte.

Neben der Ruine liegt der Trøjborg Hovedgård, mit hübschen Wirtschaftsgebäuden aus dem Ende des 18. Jahrhunderts, das südlichste aus dem Ende des 17. Jahrhunderts. Das Hauptgebäude ist von 1780, gebaut als Pächterwohnung und Mitte des 19. Jahrhunderts durch einen Seitenflügel erweitert.

Emmerleff Kliff/Emmerlev Klev

Am Parkplatz bei Emmerleff Kliff gibt es Richtung Süden den neuen Vordeich und ein Steilufer, das den nötigen Schutz Richtung Norden bietet. Hier darf die Natur herrschen, von hier bis Kohlby gibt es keine Deiche, Schlickbeete oder Grübbelrinnen. Es gibt hier auch ein kleines Stück Sandstrand, an dem man viele interessante Dinge finden kann.

Sucht man an dem bis zu 13 Meter hohen Steilufer von Emmerleff Kliff, kann man, wenn man Glück hat, Spuren von Tieren und Pflanzen aus der letzten Zwischeneiszeit finden. In den frischen Profilen sind eventuell Reste von Knochen, Pflanzen, Zweigen und Biberbiss zu finden.

Von der Steilküste oberhalb hat man eine schöne Aussicht über das Wattenmeer bis Röm und Sylt.

Die Kirche Emmerlev liegt einige Kilometer von der Küste entfernt auf der Hügelinsel. Die Feldsteinkirche ist ungefähr aus dem 13. Jahrhundert, und es wurde mehrfach angebaut. Das Flügelaltarbild aus dem 15. Jahrhundert wurde 1685 verändert, u. a. wurde der Barockrahmen hinzugefügt. Auf dem Friedhof gibt es einen Gedenkstein für die im Ersten Weltkrieg gefallenen Gemeindeglieder und viele Grabsteine aus dem 17. und 18. Jahrhundert.

Nördlich von Emmerleff Kliff, zwischen Kohlby und Hiemstedt, findet sich eine Ansammlung von Hügelgräbern. Die meisten sind zwischen 3000 und 4000 Jahre alt. Früher gab es zwischen 50 und 100 Hügel, aber der größte Teil ist mit der Zeit abgetragen und untergepflügt worden.

Jordsand

„Es ist eine innige Hoffnung, dass mit der begonnenen Küstensicherung die einzige Hallig des Landes gerettet werden kann ... Stürme und Eisberge können in wenigen Stunden zerstören, was Menschen mühsam erbaut haben, und trotz aller Anstrengungen wird Jordsand vielleicht eines Tages etwas sein, von dem man in gleicher Weise berichtet, wie man heute ‚Bertels Kofenner', ‚Laustes Toft' und ‚Jessej Priel' sagt – Ortsnamen, die mit altem Land verknüpft sind – etwas, das es einmal gab", schrieb 1976 der Biologe Palle Uhd Jepsen in seinem Buch.

Und dann kam der Herbst 1999. Jordsand oder Hjortsand, wie es damals hieß, verschwand während einiger Herbststürme. Als die Wald- und Naturbehörde am 23. September 1999 das kleine Beobachtungshaus entfernte, das so viele gute Erlebnisse und Informationen über die Vögel im Wattenmeer geliefert hatte, bedeutete dies das endgültige Ende.

Jordsand war einst groß und konnte den Bewohnern mehrerer Höfe ein Auskommen sichern. Wenn man alten Karten glauben darf, dann war Jordsand im 14. Jahrhundert 2.000 Hektar (20 km^2) groß und 1807, als die ersten richtigen, verlässlichen Karten gezeichnet wurden ca. 40 Hektar, 1873 rund 20 Hektar, 1936 ungefähr 8 Hektar und 1976 schließlich knapp 2 Hektar.

Steht man auf dem Festland bei Jerpstedt und schaut über das Wattenmeer, kann man sieben Kilometer draußen, zwischen Sylt und Röm, vielleicht die Reste von Jordsand sehen. Man kann nach den Vögeln suchen, die sich bei Tidehochwasser um die versandeten Reste scharen.

Der Forst Dravit ist einer der wenigen Urwälder Dänemarks

Abstecher:

Lügumkloster/Løgumkloster

Lügumkloster liegt ungefähr 8 km westlich von Bredebro und rund 20 km vom Wattenmeer entfernt. Wenn man in dieser Gegend ist, dann muss man selbstverständlich Lügumkloster besuchen, das um die Klosterkirche herum entstanden ist.

Zisterziensermönche haben das Kloster 1173 an der Brede Au gegründet. Die große, schöne, rote Kirche wurde in der Zeit von 1225 bis 1325 in romanischem und gotischem Stil gebaut. In der Kirche sind u. a. ein Reliquienschrank von 1325, ein großes Kruzifix und Altarbilder aus dem 15. Jahrhundert zu sehen.

Nach der Reformation wurden die alten Klostergebäude teilweise abgerissen, und heute gibt es nur noch die Kirche und von den ursprünglich vier Flügeln den Ostflügel. Das lange Gebäude, „das Schloss", das zusammen mit der Kirche an der Westseite errichtet wurde, war Teil eines großen Schlosskomplexes, mit großer Wahrscheinlichkeit vom Herzog von Gottorf Ende des 16. Jahrhunderts erbaut.

Direkt im Osten der Kirche sieht man einen 25 Meter hohen Glockenturm, das Glockenspiel Frederiks IX. mit 49 Glocken, von denen die größte 1800 kg wiegt. Mehrmals täglich erklingt ein automatisches Glockenspiel, und oft gibt es Konzerte, die per Hand gespielt werden.

Lügumkloster war mit Tondern ab 1750 für etwa 100 Jahre Zentrum der Klöppelspitzenindustrie. Das lange, weiße Gebäude zwischen den Straßen Søndergade und Dravedvej war eine Fabrik für Klöppelgarn.

Forst Dravit/Draved Skov

Will man einen der wenigen Urwälder Dänemarks erleben, sollte man zum Forst Dravit, 3 km südlich von Lügumkloster, fahren. Hier liegt ein 200 Hektar großer, im Großen und Ganzen unberührter Wald mit Moorgebieten. Der Wald war jedoch in jüngster Zeit dem Eingriff des Menschen ausgesetzt. In den 1950er Jahren führten Archäologen Versuche mit Schwendwirtschaft, Drillen und Abgrasen einer Fläche durch. Heute wird das Gebiet genau beobachtet, um zu sehen, welche Baumarten auf natürliche Weise hinzukommen.

DIE REGION RIPEN MIT DER INSEL MANDØ

Dieses Gebiet erstreckt sich von der Königsau/Kongeå im Norden bis Bröns/Brøns im Süden. Die Landschaft ist eine Mischung aus Marsch und Heideflächen.

Die Ripen/Ribe-Marsch, bis 1913 nicht eingedeicht, wird heute durch den 18,5 km langen Ripen-Deich geschützt, durch den 6800 Hektar eingedeicht sind.

Weiter südlich liegt der Reisby-Deich aus dem Jahr 1924, der mit einer Länge von 14,4 km eine Fläche 2866 Hektar eindeicht. Der Bau des Reisby-Deichs kostete 19 Menschen das Leben.

Der Deich wurde seinerzeit zu flach, zu schmal und zu steil gebaut und erlitt daher auch bei der Sturmflut des Jahres 1976 Schäden. Seitdem wurde er mit einem neuen und verstärkten Profil wieder aufgebaut. Trotzdem brach der Deich bei dem Jahrhundertorkan (der auch eine Sturmflut auslöste) am 3./4. Dezember 1999 auf einer Länge von 70 Meter. An mehreren Stellen nagten die Fluten auch große Löcher in die Vorder- und Rückseite des Deiches.

In dem Gebiet gibt es zwei auffällige Wasserläufe: die Ripen Au/Ribe Å und die Königsau. Die Ripen Au entsteht aus dem Fladså und der Gjels-Au/Gelså und fließt die letzten 7 bis 8 Kilometer durch die Marsch. Der Fluss ist hier an mehreren Stellen begradigt, und auf der Strecke zur Kammerschleuse sind Reste des alten, gewundenen Flussbetts zu sehen.

Größere Städte in der Region sind Ripen/Ribe (ca. 8100 Einwohner), Egebæk (ca. 1200 Einwohner) und Gredstedbro (ca. 1000 Einwohner).

1 Schadstelle am Reisbydeich
2 Die Königsau

Die Königsau/Kongeå

Die 65 km lange Königsau bildet die nördliche Grenze des in dem vorliegenden Buch behandelten Gebietes. Die Königsau war früher die Grenze zwischen den Regionen, die man als Nørrejylland (Nordjütland) und Sønderjylland (Nordschleswig) bezeichnete. Bis 1864 bildete der Fluss die Grenze zwischen dem Königreich Dänemark und den Herzogtümern, und von 1864 bis 1920 war sie streckenweise die Grenze zwischen Dänemark und Deutschland.

Die Königsau gehört zu den wenigen dänischen Flüssen, deren natürlicher, gewundener Lauf größtenteils erhalten geblieben ist. Nach Osten hin ist das an an einem 3 km langen Pfad erkennbar, der nördlich von Skodborg den Fluss entlang führt. Im Übrigen kann man die Aussicht auf das breite Flusstal auf den vielen Wegen genießen, die den Flusslauf kreuzen. Etwa 5 km vor dem Wattenmeer fließt die Königsau dicht an Vilslev mit der eindrucksvollen Vilslev Kirche vorbei, deren starker Turm früher als Seezeichen fungierte. Auf einer Tafel ist die Höhe vermerkt, die die Sturmflut 1634 hier in der Gegend erreichte.

Ripen/Ribe

Das Erste, was man von Ripen sieht, ist der monumentale Dom, der hier in dieser flachen Landschaft meilenweit zu sehen ist. Kirchen, auch große, gibt es an so vielen Stellen, dass man erst, wenn man in den alten Stadtkern am Marktplatz um die Kirche kommt, entdeckt, dass Ripen und sein Dom etwas ganz Besonderes sind.

Von den vielen Flussarmen umschlossen, stehen in verwinkelten Straßen alte, gut erhaltene Häuser, die ein interessantes, unstruktiertes Stadtbild vermitteln. Wie in Friedrichstadt übt die Kombination aus den alten Häusern und dem Wasser in den Kanälen und Flussläufen eine faszinierende Wirkung aus.

Die Entstehungszeit der Häuser reicht bis in das 16. Jahrhundert zurück, die Stadt selbst jedoch ist weit älter. Ripen ist die älteste Stadt Dänemarks, gegründet vermutlich um 700 östlich der Ripen Au/Ribe Å. Es war eine ideale Stelle für die Anlage eines Handelsplatzes, und im Laufe der Zeit entwickelte sich Ripen zum wichtigsten Hafen nach Westen zu.

Die erste schriftliche Quelle, in der Ripen erwähnt wird, stammt aus der Zeit um 860. Ihr zufolge hatte Ansgar vom dänischen König die Erlaubnis bekommen, in der Stadt eine Kirche zu errichten. Im 12. Jahrhundert wurde Ripen zu einer doppelten Stadt, da man auch auf der Westseite des Flusses zu bauen begann. Der Dom und das königliche Schloss auf der Riberhus Slotsbanke stammen aus dieser Zeit.

Seine Blütezeit erlebte Ripen im Mittelalter, etwa im Zeitraum 1200 bis 1535. Später setzte langsam der Niedergang ein, der in einer Zeit größter Armut (1660–1850) gipfelte. Die Gründe dafür, dass die Stadt seine Bedeutung als Handelszentrum einbüßte, waren Kriege, die Zentralisierung in Kopenhagen und der Schiffsverkehr, der zunehmend an Ripen vorbei und nördlich um Skagen abgewickelt wurde.

Ein weiterer sich negativ auswirkender Umstand war die Zerstörung von elf Straßen und 213 Häusern durch ein Feuer im Jahre 1580. Beim Wiederaufbau, der um 1600 abgeschlossen war, wurde der Bau strohgedeckter Häuser übrigens strengstens verboten.

1 Blick auf Ripen von Westen
2 Ausgrabungen in Ripen
3 Das Brorson-Denkmal am Dom von Ripen
4 Das Restaurant „Weiss Stue“

Glücklicherweise sind viele der alten Häuser aus den letzten Jahren der einstigen Blütezeit Ripens noch erhalten. Dies ist dem Umstand zu verdanken, dass man in Ripen bereits 1899 einen Verein zur Erhaltung der Stadt gründete und dass der Stadtrat von Ripen 1963 Richtlinien zur Bewahrung des historischen Stadtkerns verabschie-dete. Dadurch konnten mehr als 100 Häuser unter Denkmalschutz gestellt werden. Ripen hat daher nicht unter rücksichtslosen Sanierungen und dem Bau monströser Bürogebäude im histo-rischen Stadtkern leiden müssen.

Überall findet sich Material, durch das sich die großen historischen Sammlungen der Stadt ergänzen lassen. Grabungen durch die viele Meter tiefen Kulturschichten fördern interessante Gegenstände zutage. Mit jedem Spatenstich ist es, als ob man mit einem Periskop in die Geschichte blickt.

Mit dem Bau einer Tiefgarage und von Eigentumswohnungen im Zentrum der alten Handelsstadt im Rahmen eines Jahr-2000-Projekts wird natürlich nicht eher begonnen, bis die Archäologen vorsichtig die von dem Bauvorhaben betroffenen Schichten freigelegt haben. Ausgrabungen haben u. a. Spuren eines Klosters der Grauen Mönche von 1232 nachgewiesen; man fand Reste eines Kamins und mehrere Münzen.

Ripen war oft von Überschwemmungen bedroht. Nur wenige Bereiche des Stadtkerns liegen höher als fünf Meter. Auf der Sturmflutsäule bei der Schiffbrücke/Skibbroen lassen sich die Wasserstände der großen Sturmfluten ablesen. Wie stets sind die Pegel der Sturmfluten früherer Zeiten mit Vorsicht zu genießen. Im Dom ist eine Markierung zu sehen, bis zu der das Wasser bei der großen Flut des Jahres 1634 gestiegen sein soll.

Seit Vollendung des Baus des Ripen-Deiches im Jahre 1913 ist die Stadt auch von Rückstauwasser bedroht gewesen. Bei Hochwasser schließt sich die Kammerschleuse automatisch, was dazu führt, dass das Wasser der Ripen Au nicht in das Wattenmeer abfließen kann. Die Wiesen in der Umgebung von Ripen werden dann überschwemmt, sodass die Stadt wie eine Insel im Wasser liegt.

Der Dom von Ripen

Der Dom beherrscht den gesamten historischen Teil der Stadt. Die Kirche wurde auf dem höchsten Punkt der

Stadt gebaut, liegt heute aber aufgrund ihres Gewichts und der instabilen Bettung 1,5 Meter unter dem Straßenniveau. Die ältesten Gebäudeteile der Kirche entstanden zwischen 1150 und 1175, vermutlich auf den Resten einer von Ansgar früher erbauten Holzkirche.

Die Kirche ist aus goldgrauem, vulkanischem Tuffstein, rotbraunem Sandstein und grauem Granit gebaut. Es entstanden Anbauten, und mehrmals wurde auch umgebaut. Seitenkapellen, zwei Vorhallen und Seitenschiffe kamen hinzu, andere Teile wurden wieder abgerissen. Der große Turm in der Nordwestecke, der so genannte Bürgerturm oder Stadtturm, ist von 1333 und wurde gebaut, nachdem der alte Turm am Heiligen Abend 1283 zusammengestürzt war. Heute hat der Dom fünf Schiffe und ist die breiteste Kirche des Landes. Sowohl das Äußere wie auch das Innere des Doms sind sehenswert. Zu beachten sind auch die reich verzierten Portale.

Um 1900 wurde der Kirchenbau umfassend restauriert; so wurde u. a. das Kirchengestühl erneuert, das mit großer Liebe zum Detail gearbeitet ist; hier wurde nicht gespart. Bis auf das bronzene Taufbecken aus dem 15. Jahrhundert und die Kanzel von 1579 ist von dem ursprünglichen Inventar der Kirche nicht sehr viel erhalten. An zwei Pfeilern links vom Eingang sind einige Kalkmalereien aus der Zeit um 1530 zu sehen.

Die Schiffbrücke/Skibbroen

Der Chor ist mit Mosaiken, Kalkmalereien und Glasmalereien verziert, die von Carl-Henning Pedersen 1982–1987 geschaffen wurden.

Steigt man die 248 Stufen des Turmes bis zur Plattform in 48 Meter Höhe hinauf, hat man eine großartige Aussicht. Auf dem Weg nach oben sind das Uhrwerk, die Glocken und das Glockenwerk des Domes zu sehen. Dieses Glockenspiel lässt jeden Tag um 8.00 und um 18.00 Uhr die Melodie von Brorsons Lied „Den yndigste rose er funden" (Die lieblichste Rose ward gefunden) erklingen. Um 12.00 und um 15.00 Uhr ertönt das Volkslied „Dronning Dagmar ligger udi Ribe syg" (Königin Dagmar liegt krank in Ripen).

Die Wikinger von Ripen

Ripen ruht sozusagen in seiner eigenen Geschichte. Tausende von Gegenständen, u. a. aus der Wikingerzeit und aus dem Mittelalter, wurden hier gefunden. Im Museum kann man einige dieser historischen Zeugnisse besichtigen und die Geschichte der Stadt von 700 bis 1700 verfolgen.

Ein Teil eines Marktplatzes aus dem 9. Jahrhundert wurde rekonstruiert, sodass man ihn fühlen und sehen und nicht zuletzt auch riechen kann. Ein Mittelalter-Tableau zeigt die Stadt an einem Herbsttag des Jahres 1500. Odins Plads, Tel. (0045) 7688 1122.

Das Ripener Wikingerzentrum

Im Wikingerzentrum (Vikingecentret) hat man eine Anlage aus der Wikingerzeit rekonstruiert, auf deren Reste man bei Ausgrabungen in Ripen gestoßen war. Hier gibt es u. a. Rekonstruktionen des Marktplatzes aus dem Jahr 720, des Großgehöftes (Storgården) von 980 und der Stadt Ripen von 825. In jedem Frühjahr wird hier der größte Wikingermarkt Dänemarks veranstaltet. Lustrupholm, Ribe. Tel. (0045) 7541 1611.

Die Altstadt

Auf den „Dammen" sind eine Reihe schöner Giebelhäuser zu sehen. Giebelhäuser waren typisch im Spätmittelalter, als die Bauherren die Häuser gern zur Straße hin bauten. Daher die langen und schmalen Grundstücke, wobei viele Häuser, mit den Giebeln als Fassade, auf kleinem Raum zusammengedrängt sind.

Mehrstöckige Häuser konnten auf Längsbalkenkonstruktionen gebaut werden. Das heißt, die oberen Stockwerke, getragen von Längsbalken, ragten über die untersten Etagen hinaus. Offenbar eine schlechte Konstruktion, denn nur ein paar dieser Häuser sind übrig geblieben. Eines davon, aus dem Jahr 1650, ist auf Nederdammen zu sehen.

Die Skibbroen (Anlegestelle für Schiffe) war einst der geschäftigste Hafen Dänemarks, heute gibt es hier nur Freitzeitskipper.

Außerdem sehenswert die alten Häuser in der Fiskergade, Grønnegade und Storegade. Das kleinste Haus von Ripen liegt in der Klostergade 26.

Riberhuset Schloss-Ruinen

Etwas weiter draußen an der Skibbro liegt die Riberhus Slotsbanke, Ruinen des früheren königlichen Schlosses. Der acht Meter hohe, quadratische Schlosshügel mit einem Seitenmaß von 90 Metern ist von einem 32 Meter breiten Wassergraben umgeben. Riberhus wurde angeblich im 12. Jahrhundert von König Niels erbaut und gehörte in den darauf folgenden Jahrhunderten zu den bevorzugten Aufenthaltsorten der Könige. Nach 1660 wurde das Schloss nicht mehr genutzt, und um 1685 wurde es abgerissen.

Ripener Kunstmuseum

Das Museum ist als Mekka älterer dänischer Kunst bezeichnet worden. Die Bildende Kunst Dänemarks lässt sich hier ab 1754 zwei Jahrhunderte lang verfolgen. Stark vertreten sind die Maler des „Goldenen Zeitalters" in Dänemark. Skt. Nicolaj Gade 10.

St. Catharinae-Kirche und Kloster

Die Kirche gehörte ursprünglich zu einem Dominikanerkloster, das 1228 gegründet wurde. Die heutige Kirche, die auf zwei älteren erbaut wurde, und der Dom sind die einzigen der vielen Kirchenbauten, die vom mittelalterlichen Ripen übrig geblieben sind. Den beiden Vorgängerinnen von St. Catharinae war ein dramatisches Ende beschieden: die erste stürzte zusammen, die zweite fiel einem Feuer zum Opfer.

Die heutige Kirche stammt aus dem 15. Jahrhundert und war schon dem Einsturz nahe, bis sie in den 1920er Jahren mit Hilfe von Hebeböcken gerettet wurde. Einer dieser Hebeböcke ist heute noch an der Treppe zu sehen, die zur rechten Seite in der Kirche zum Keller unter dem Chor hinunterführt.

Von der Kirche aus gibt es einen Zugang zu dem noch erhaltenen, friedvollen Klosterhof, dessen Kreuzgang ein einzigartiges Beispiel für ein mittelalterliches Milieu darstellt. Auch der idyllische Klostergarten ist sehenswert.

Die Reisbyer Marsch

An der Reisby-Schleuse und am Reisby-Deich bietet sich dem Auge ein sehr variantenreiches Vorland. Der Deich folgt einem System von Strandwällen, das von früheren Sturmfluten aufgebaut wurde. Das Vorland wächst in einem Wirrwarr aus mit Wasser gefüllten Senken, Landprielen, Marsch-Werdern und Grübbelfeldern in unterschiedlichen Stadien der Überwucherung. Vom

Deich aus bietet sich eine gute Aussicht auf eine üppige Vogelwelt.

Die Kammerschleuse

Hier wird das Wasser der Ripen Au/Ribe Å in das Wattenmeer geleitet. Als Kammerschleuse gewährleistet die Schleuse, dass Schiffe, ungeachtet des Pegels bei normaler Ebbe und Flut, Ripen anlaufen können.

Der Deich bietet Aussicht auf eine imponierende Vogelwelt im Watt und in den Schlickgräben nördlich und südlich der Schleuse.

Ripener Ostau/Ribe Østerå

Etwa 5 km östlich von Ripen, auf den flachen Wiesenflächen entlang des Flusses, entfaltet sich eine üppige Vogelwelt. Hier gibt es Pfade und einen Vogelturm, von wo aus man viele Nistvögel beobachten kann, u. a. Löffelenten, Rohrweihen und Rohrdommeln.

Das Wattenmeerzentrum/ Vadehavscentret

Zwischen Mandø und Ripen, zwischen Meer und Geest, liegt das Wattenmeerzentrum. Die Ausstellung vermittelt Hintergrundwissen über die Gezeiten und das Tier- und Pflanzenleben. Die Mandø-Busse halten direkt in der Nähe, wenn man eine Tour zu diesem kleinen Insel-Gemeinwesen machen möchte.

Mandø

Der Ebbeweg/Ebbevejen, der westlich von Vester Vedsted beginnt, ist der alte Landweg vom Festland nach Mandø. Der Weg folgt der Gezeiten-Wasserscheide und ist unter normalen Wetterverhältnissen bei Ebbe trocken, steht aber bei Flut zwei Meter unter Wasser. Er ist mit Zweigen markiert, die entlang der Ränder in den Boden gesteckt sind.

Es ist nicht ratsam, mit dem eigenen Auto über den Ebbeweg zu fahren. Etliche Touristen haben schon auf dem Dach ihres Autos auf Hilfe warten müssen, während das Wasser langsam zu ihnen hinaufstieg.

Vor einer Tour nach Mandø sollte man also lieber in den Gezeitentabellen nachschlagen, die in Vester Vedsted, an der Mandø-Bus-Haltestelle oder im Fremdenverkehrsbüro in Ripen erhältlich sind.

Auf dem nördlich des Ebbewegs gelegenen Låningsweg ist im Übrigen das System der Landgewinnung zu sehen. Hier gibt es deutliche Grübbelrinnen und Faschinenzäune, und es ist deutlich zu erkennen, wie die verschiedenen, in salzigen Böden gedeihenden Pflanzen allmählich das Watt erobern.

1 Das Vorland von Reisby
2 Der Mandø-Bus
3 Die Sturmflutsäule von Mandø und Vorland
4 Ebbeweg

Eine sichere und lehrreiche Art, nach Mandø zu kommen, ist die Fahrt mit dem Mandø-Bus, ein solider, großer Traktor mit einer Buskabine dahinter. Der Bus verkehrt täglich von Mai bis September, an Ostern und in den Herbstferien, und ansonsten nach Vereinbarung. Im Sommer gibt es regelmäßig Touren nach Koresand in einem von einem Traktor gezogenen offenen Wagen. Die Tour führt an dem Robbenschutzgebiet vorbei bis zur Küste. Tel. (0045) 7544 5107.

Mandø liegt wie ein grüner, flacher Klecks von 7,5 km² Fläche mitten im Wattenmeer und östlich von Dänemarks größter „Wüste", Koresand, das bei normaler Flut trockenliegt. Aber ganz flach ist die Insel nicht: Im westlichen Teil, wo auch die Kirche liegt, ragen bis zu 12 Meter hohe Dünen empor, die wie eine Art natürliche Warften wirken. Sie haben die Bewohner der Insel bei Sturmfluten mehrmals vor dem Ertrinken bewahrt. Zuletzt 1981, als die Deiche an der Süd- und Südostküste und der Stadtdeich an mehreren Stellen brachen und die Insel überschwemmt wurde.

Die neuen Deiche wurden mit einer leicht schrägen Vorderseite gebaut und widerstanden 1990 einer 4,5 Meter hohen Sturmflut. Der schwere Orkan im Dezember 1999 zerschmetterte ein Drittel der Häuser auf der Insel, denen ihre Lage auf den Dünen nicht half. Die Deiche aber hielten der Sturmflut stand.

Westlich der Stadt Mandø steht die Sturmflutsäule, und von der Düne kann man bis nach Koresand sehen. Wenn man Glück hat, kann man in der nordöstlichen Ecke viele Robben beobachten, wenn sie ihre Jungen bekommen.

Es gibt hier außerdem den größten einzelnen Austernfischer-Bestand, und ab und zu ist die seltene Lachseeschwalbe zu sehen, sowie der größte Bestand an Flussseeschwalben in Dänemark. Auch Schnatterenten, Pfeifenten, Rotschenkel, Kiebitze, Uferschnepfen, Säbelschnäbler und Kampfläufer brüten hier.

Die Kirche von Mandø

Die Kirche von Mandø aus dem Jahre 1727 ist eine kleine, schlichte Kirche ohne Turm. Die Farben in der Kirche erinnern an das Mandø-Heidekraut, an die kleine Strandnelke, die in großer Zahl auf den Salzgraswiesen vorkommt. Vier Kirchenschiffe erzählen davon, dass Mandø ein kleines Gemeinwesen von Seefahrern war. An der Wand hängen 10000 Jahre alte Rentiergeweihe, die auf dem Hochsand westlich von Mandø gefunden wurden.

Die Mühle von Mandø

Die Mühle von Mandø stammt von 1860 und ist im Besitz der Mandø-Gesellschaft. Ganzjährig geöffnet.

Restaurants und Museen in historischen Häusern

Weiss Stue, Torvet 2.
Dieses prächtige Restaurant befindet sich in einem der ältesten Gasthöfe von Ripen. Das Fachwerk, in zwei Stockwerken, stammt aus der Zeit um 1600. Ein traditionsreicher Ort, teilweise mit alten Interieur, u. a. mit Malereien verzierte Balkendecke, Wände mit holländischen Kacheln und Vertäfelungen mit biblischen Motiven.

Den Gamle Arrest, Torvet 11.
Heute ein Spitzenrestaurant und eine Boutique mit Kunsthandwerk, Bernstein und Textilien. 1546 als Wohnung für den Kaplan gebaut, später Mädchenschule. Von 1893 bis 1989 diente das Gebäude unter dem Namen Ribe Arrest als Gefängnis.

Hotel Dagmar, Torvet 1.
Nach eigener Aussage das älteste Hotel Dänemarks in der ältesten Stadt des Landes. Das Gebäude, 1581 ursprünglich für den Bürgermeister Laurids Thøgersen gebaut, wurde im Laufe der Jahre behutsam restauriert.

Quedens Gaard, Overdammen 10.
Der Hof wurde gebaut um 1580 in Fachwerk-Bauweise. Das Vorderhaus mit Wintergarten und Garten stammt von etwa 1800. In dem Museum kann man u. a. eine bürgerliche Wohnung aus dem 19. Jahrhundert besichtigen. Tel. (0045) 7688 1122.

Das alte Rathaus, Von Støckens Plads 1.
Dänemarks ältestes Rathaus, gebaut 1496. Ab 1708 war hier das Schuldgefängnis untergebracht; heute gibt es hier ein kleines Museum, in dem u. a. ein Richtschwert und das Stadtsiegel von 1300 aufbewahrt werden. Tel. (0045) 7688 1122.

Das Mandø Center

Ausstellung über die Geschichte von Mandø, über Natur, Fauna und Flora, Gezeiten und Sehenswürdigkeiten. Tel. (0045) 7544 5354.

Ornithologische Sammlung

Privatsammlung mit mehr als 300 Vögeln, die auf der Insel vorkommen. Tel. (0045) 7544 5454.

Das Mandø-Haus

Ein altes Seemannshaus von 1831, heute regionales Museum. Tel. (0045) 7544 6052.

Abstecher:

Schloss Gramm und Grammer Lehmgrube

Rund 15 km östlich von Ripen, im Kreis Sønderjylland, liegen Schloss Gramm/Gram Slot und die Grammer Lehmgrube/Gram Lergrav. Die dreiflügelige Anlage des Schlosses liegt auf einem kleinen Werder in dem aufgestauten Schlosssee. Im Südosten des Schlosses befindet sich der vier Hektar große Schlossgarten, und weiter in östlicher Richtung davon liegt Lunden, ein üppiger, etwas wild wachsender Wald. Hier kann man 300 Jahre alte Buchen sehen, Waldkäuze, Kleiber (Spechtmeisen), Misteldrosseln und Waldlaubsänger.

Schloss Gramm entstand in mehreren Bauphasen. Der flache Ostflügel stammt aus der Zeit um 1500; der Süd-

Das Grammer Schloss

flügel, der zugleich den Hauptflügel bildet, ist von ca. 1650, der Westflügel von ungefähr 1750. Gramm ist erstmals 1231 als Grundbesitz des Königs erwähnt. Die Burg in Gramm, 1314 von Herzog Erik erbaut, wechselte oft ihren Besitzer. Im Dreißigjährigen Krieg gehörte Gramm Ditlev Buchwald, der 1827 erleben musste, dass sein Herrensitz zerstört wurde. (Schloss Gramm ist eigentlich ein Herrensitz und erhielt die Bezeichnung Schloss deshalb, weil eine Zeit lang der König der Eigentümer war).

Buchwald musste das Gut 1638 verkaufen. Der nächste Besitzer war Hofmarschall Dionysios von Pudewils, ein Krieger und Intellektueller mit der zu dieser Zeit größten Büchersammlung in Nordeuropa. Im Torstensson-Krieg 1643–1645 (in dem auch die Handelsflotte von Röm zerstört wurde) wurde Gramm erneut zerstört, und die große Büchersammlung wurde von den Schweden verbrannt. Pudewils starb 1647, wie gesagt wird, aus Gram über den Verlust der Sammlung.

Wie alte Herrensitze ihre eigenen Geschichten haben, so hat auch Gramm die seinen. Die böse Gäfin, die aus Neid auf die Schönheit und das hübsche Haar eines jungen Mädchens dieses getötet haben soll, hetzt klagend und händeringend über die Gänge von Schloss Gramm. Im Park stehen die „Mauern von Jericho" (Jerikos Mure), die 1984 restauriert wurden; auch sie haben Stoff für verschiedene Geschichten geliefert.

Midtsønderjyllands Museum

Der Westflügel des Schlosses beherbergt das Naturhistorisch-Geologische Museum des Kreises Sønderjylland. Hier sind sechs Millionen Jahre alte Skelette von Walen ausgestellt, die in der nahe gelegenen Grammer Lehmgrube gefunden wurden. Gegenüber dem Museum befindet sich das Walhaus/Hvalhuset, wo das Skelett eines 14 Meter langen Pottwals zu sehen ist, der 1984 bei Henne an den Strand getrieben wurde.

Wenn Staatsgewalt Frauen das Leben nimmt

„Hier wohnte der Schreiner Laurids Splid, dessen armes Eheweib Maren am 9. November 1641 zwischen den Galgenhügeln bei Ripen wegen Hexerei verbrannt wurde.“ So lautet der Text auf der Gedenktafel für Maren Splid, die an an der Ecke Sønderportsgade/Bispegade zu sehen ist. Christian IV. war berühmt und berüchtigt dafür, ein Trunkenbold zu sein, ein glückloser Kriegsherr und ein Initiator, der den Anstoß zum Bau etlicher monumentaler Bauten in Dänemark gab. Weniger bekannt ist, dass er auch ein erbarmungsloser Hexenjäger war, der 1641 in Kopenhagen einer der so genannten „Wasserproben“ beiwohnte.

Die Wasserprobe war ein Mittel, Entscheidungen in Hexenprozessen herbeizuführen. In Zweifelsfällen ließ man Gott selbst entscheiden, ob die Frau eine Hexe war oder nicht. Dabei ging es grausam zu: Man band der vermeintlichen Hexe Fuß- und Handgelenke zusammen und ließ sie ins Wasser werfen. Ihr blieb dann nur die Wahl, auf der Stelle oder erst später zu sterben. Blieb sie über Wasser, wie dies ja bei Menschen der Fall ist, war sie mit dem Teufel im Bunde, ging sie unter, dann war sie unschuldig – aber tot.

Einer solchen Probe wurde auch Maren Splid unterzogen, nachdem man sie auf der Folterbank nicht zu einem Geständnis hatte bringen können. Es heißt, Maren hätte sich alle Mühe gegeben, im Wasser unterzugehen, aber vergebens; sie schwamm weiter auf dem Wasser „wie eine Gans oder ein Stück Holz“, und wurde dann im November 1641 verbrannt.

Maren Splid war kein typisches Beispiel für die Opfer der vielen Hexenverbrennungen im 17. Jahrhundert. Typisch war, dass es alte und/oder wunderliche und arme Frauen waren, die auf dem Scheiterhaufen starben. Maren Splid, von guter Herkunft und aus der Bürgerschaft, wurde ganz einfach Opfer von Missgunst. Sie war eine beeindruckende Erscheinung und die Frau des Schreiners Laurids Splid, eines reichen und tüchtigen Schreiners in Ripen. So waren wohl Reichtum und Erfolg die entscheidende Ursache für ihren unglückseligen Tod.

Didrik Skrædder, ein Konkurrent, aber nicht besonders tüchtig, verbreitete bereits 1637 Gerüchte über Marens Fähigkeit, die Leute mit ihrem Bannfluch zu belegen. Er verbreitete anhaltend das Gerücht, sie wäre ein Hexenweib, eine Anklage, von der sie vor dem Stadt-Thing freigesprochen wurde.

Christian IV., der dagegen für solches Gerede über Hexen empfänglicher war, wurde während eines Aufenthalts in Schloss Haderslevhus von Didrik Skrædder aufgesucht. Und das zahlte sich aus. Nach schwerer Folter wurde Maren auf dem Scheiterhaufen öffentlich verbrannt. Weinend mussten ihr Mann und ihre Tochter zusehen!

Die Grammer Lehmgrube/ Gram Lergrav

Hier kann man auf Fossilienjagd gehen. Der Gramm-Lehm, auch steinlose Lehm, ist dafür bekannt, einen guten Rohstoff für die Herstellung von Ziegeln abzugeben. Noch interessanter jedoch ist, dass man in Ablagerungen aus dem Meer Fossilien gefunden hat, die sechs Millionen Jahre alt sind.

MUSEEN

Bredstedt, Naturzentrum
In einem Gebäude von 1897 gibt es hier seit 1982 ein Informations- und Begegnungszentrum für Natur und Landschaft. Dioramen zeigen charakteristische Züge der nordfriesischen Landschaftsformen. Geest, Wald, Heide, Moor, Landwirtschaft, Wattenmeer und die besondere Natur der Halligen. Bahnhofstraße 23, 25821 Bredstedt. Tel. (04671) 4555. Mai–Okt. Mo–Do 14–18 Uhr.

Friedrichstadt, Alte Münze
Informationen über die Gründung der Stadt im Jahre 1621 und die holländischen Religionsflüchtlinge. Mittelburgwall 21/23, 25840 Friedrichstadt. Tel. (04881) 87422. Juni–Sept.: Di–So 11–17 Uhr. Okt.: Di–Fr 15–17 Uhr, Sa–So 13–17 Uhr. Dez.–Apr./Mai: Sa–So 13–17 Uhr.

**Friedrichstadt,
Fünf-Giebel-Haus**
Diese besonders schöne Galerie zeigt Wechselausstellungen mit norddeutschen Künstlern.
Am Fürstenburgwall 11, 25840 Friedrichstadt. Tel. (04881) 876031. Im Winter: Di–So 13–18 Uhr. Während der Saison täglich 11–18 Uhr.

**Garding,
Theodor-Mommsen-Gedächtnis**
Dem Gedenken Mommsens, der als erster Deutscher den Literaturnobelpreis erhielt, ist hier in seiner Geburtsstadt eine kleine Ausstellung gewidmet. Foyer des Gemeindehauses, Markt 4, 25836 Garding. Tel. (04862) 100310, nach Vereinbarung.

Gramm, Lehmgrube
Geologische Lokalität, ganzjährig geöffnet für die Suche nach Fossilien. Im Lergravhuset Informationen und Natur-Informationen. Tel. (0045) 7482 1000.

**Gramm,
Midtsønderjyllands Museum**
Geologisches und naturhistorisches Museum, u. a. mit Skeletten von 6 Millionen Jahre alten Walen aus den Grammer Lehmgruben. In dem Walhaus gegenüber dem Schloss und dem Gasthof ist das Skelett eines 14 m langen Pottwals zu besichtigen. Gram Slot, DK-6510 Gram. Tel. (0049) 7482 1000. Mai-Okt.: Di–So 10–17 Uhr. Okt.–Mai:Di–Sa 13–16 Uhr, So 10–16 Uhr.

Hooge, Königspesel
Ein Raum in einem alten Hof, verkleidet mit holländischen Fliesen, auf denen biblische Motive dargestellt sind. Eine insgesamt gesehen bemerkenswerte Ausstattung. Hanswarft, 25859 Hallig Hooge. Tel. (04849) 219. Besichtigungsmöglichkeiten nach Vereinbarung.

Hoyer, Mølle- og Marskmuseum
Eine holländische Mühle mit umgedrehter, bootförmiger Haube aus dem Jahr 1857. Im Museum Ausstellung über Mühlbetrieb, Technik und Lebensbedingungen in der Marsch, die Schleusen in Hoyer, Sturmfluten, Deichbau, das Leben an der Wiedau, Hoyer und Umgebung. Møllegade 13, DK-6280 Højer. Tel. (0045) 74782911. Apr.–Okt. täglich 10–16 Uhr.

Husum, Ludwig-Nissen-Haus
Das Nissenhaus ist das zentrale Museum in Husum und im Kreis Nordfriesland. Hier werden die ganz besondere Natur und die Lebensbedingungen dieser Region dokumentiert. Ein Museum, das die Naturgegewalten veranschaulicht, das von Deichen, Sturmfluten und von Ebbe und Flut erzählt. Herzog-Adolf-Straße 25, 25813 Husum. Tel. (04841) 2545. Apr.–Okt.: 10–17 Uhr. Nov.–März: Di–Fr u. So 10–16 Uhr.

Husum, Ostenfelder Bauernhaus
Dieses Haus ist das vielleicht älteste deutsche Freilichtmuseum. Das Gebäude stammt aus dem 17. Jahrhundert und ist mit Hausrat und und landwirtschaftlichen Werkzeugen eingerichtet. Nordhusumer Straße 13, 25813 Husum. Tel. (04841) 8973101. Apr.–Okt.: Di–So 10–12 Uhr und 14–17 Uhr.

Husum, Schifffahrtsmuseum
Dieses neue Schifffahrtsmuseum am inneren Hafen von Husum dokumentiert Sozialgeschichte und industrielle Entwicklung in Bezug auf die nordfriesischen Seeleute und deren Familien. Zingel 15, 25813 Husum. Tel. (04841) 2545. Ostern–Dez. tägl. 10–17 Uhr.

Husum, Schloss
Die Geschichte des Schlosses vor Husum reicht bis in das Jahr 1577 und geht auf Herzog Adolf von Schleswig Holstein Gottorf zurück. Das Schloss, ein lebendes Museum, zeugt von einer besonderen Baugeschichte und bildet den Rahmen für wechselnde Kunstausstellungen und Konzerte. Ferdinand-Tönnies-Allee, 25813 Husum. Tel. (04841) 8973101. März–Okt.: Di–So 11–17 Uhr.

Husum, Theodor-Storm-Haus
In dem Haus, einem alten, im Rokokostil erbauten Bürgerbau, lebte von 1866 bis 1880 der Schriftsteller Theodor Storm. Hier sind u. a. Storms Arbeitszimmer und Wohnzimmer mit originalen Möbeln zu sehen. In anderen Räumen unterhält die Storm-Gesellschaft Bibliothek und Archiv. Wasserreihe 31, 25813 Husum. Tel. (04841) 666270. Apr.–Okt.: Mo 14–17 Uhr, Di–Fr 10–12 und 14–17 Uhr. Sa–So 14–17 Uhr. Nov.–März: Di, Do, Sa 14–17 Uhr.

Kampen, Vogelkoje
Anlage im Wattenmeergebiet aus dem 18. Jahrhundert für den Fang von Enten. Bis ca. 1920 genutzt, 1988 rekonstruiert. Ausstellung über Kulturgeschichte und Leben und Sterben der Vögel. Vogelkoje, Lister Straße, 25999 Kampen. Tel. (04651) 871077. Tägl. außer Montag 10-16 Uhr.

Keitum, Altfriesisches Haus
Kapitänshaus 1739, Museum seit 1907. Originale Möbel und Hausrat aus dem 18. und 19. Jahrhundert. Eine Vielzahl von Gegenständen von Reisen nach Übersee. Am Kliff 13, Keitum/Sylt Ost. Tel. (04651) 31101. April–Okt.: tägl. 10–17 Uhr. Nov.–März: Do-Sa 13-16 Uhr.

Keitum, Sylter Heimatmuseum
Das Friesenhaus aus dem Jahr 1759 beherbergt Sammlungen über Geschichte und Natur von Sylt. Themen: Geologie, Archäologie, Schifffahrt, Walfang, Hausrat und Traditionen. Außerdem Informationen über berühmte Persönlichkeiten wie Uwe Jens Lornsen. Am Kliff 19, 25980 Keitum/ Sylt Ost. Tel. (04651) 31669. Apr.–Okt.: 10–17 Uhr. Nov.–März: Do–Sa 13–16 Uhr.

Klanxbüll, Infozentrum Wiedingharde
Beschrieben werden Geschichte, Kultur und Natur der Region Wiedingharde (die nordwestliche Ecke Nordfrieslands). Klanxbüll, Toft 1. Tel. (04668) 313. Juni–Sept.: Mo–Sa 9–18 Uhr. So 10–17 Uhr. Okt.–Mai: Mo–Sa 9–12 Uhr, So 14.30–17.00 Uhr.

Langeness, Friesenstube
Das alte Haus im Erbbesitz der Familie Johansen zeigt, wie ein Hallig-Haus in früheren Zeiten eingerichtet war; u. a sind Wandfliesen von 1780 zu sehen. Hallig Langeness, Honkenswarft, 25863 Hallig Langeness. Tel. (04684) 235. Besichtigungsmöglichkeiten nach Vereinbarung.

Langeness, Kapitän-Tadsen-Museum
Die Räume veranschaulichen, wie das Leben auf den Halligen vor einigen Jahrhunderten unter den Wohlhabenderen war. So sind hier u. a. 1600 holländische Fliesen mit biblischen Motiven zu sehen. Ketelswarft, 25863 Hallig Langeness. Tel. (04684) 217. Von Ostern bis Okt.: Mo–Sa 10–11.30 Uhr und 13.30–15.30 Uhr.

Lügumkloster, Holmen
Kirchliche Kunst und Architektur stehen hier im Mittelpunkt. Museet Holmen, Nordisk Kirkeprojekt, Østergade 13, DK-6240 Løgumkloster. Tel. (0045) 7474 4165. Ende März–14. Juni: Di–So 14–17 Uhr. 15. Juni–August: Di–Fr 10–17 Uhr, Sa–So 14–17 Uhr. Sept.–Okt.: Di–Fr 14–17 Uhr.

Margrethe Kog, Naturcenter Tonderner Marsch
Beleuchtet die natürlichen Verhältnisse im Wattenmeer und in der Marsch. Slusevej, Margrethe Kog, DK-6280 Højer. Tel. (0045) 74789222. Tägl. 10–18 Uhr.

Nebel, Heimatmuseum
Die Windmühle in Nebel auf Amrum wurde 1771 auf dem höchsten Geest-Kamm gebaut. In der Mühle sind Ausstellungen über die Mühle und über das Pflanzen- und Tierleben der Gegend zu besichtigen. Die alte, immer noch voll funktionsfähige Mühle ist im Sommer bei günstigen Windverhältnissen in Betrieb. In der Mühle, 25946 Nebel/Amrum. Tel. (04682) 2289. Von Frühjahr bis Herbst Mo–Mi 10–12 Uhr, Do–So 15–18 Uhr.

Niebüll, Heimatmuseum
Ein typische Uthlandfriesisches Langhaus, gebaut um 1700. Seit 1929 Museum, in dem gezeigt wird, wie nordfriesische Gutshöfe eingerichtet waren. Osterweg 76, 25889 Niebüll. Tel. (04661) 3656. Mai–Sept.: 14–16 Uhr.

Niebüll, Naturkundemuseum
Ein Museum über die Tierwelt in der Nordsee, das Wattenmeer und die Binnengewässer sowie Wald, Heide und Moor. Weitere Themen: Erdgeschichte und Naturschutz. Hauptstraße 108, 25889 Niebüll. Tel. (04661) 5691. Apr.–Okt.: Di–So 14–17.30 Uhr.

Niebüll, Richard-Haizmann-Museum
1934 flüchtete der Maler und Bildhauer Richard Haizmann (1895–1963) vor den Nationalsozialisten und ließ sich in Niebüll nieder. Rathausplatz 2, 25899 Niebüll. Tel. (04661) 1010. April–Okt. u. Dz. Di–Fr 11–16 Uhr, Sa 10–12 Uhr, So 14–17 Uhr. März u. Nov. Di–So 15–18 Uhr.

Oevenum, Museum
In der großen Scheune aus dem Jahre 1872 werden die Föhr-Bewohner früherer Zeiten wieder lebendig. Viele Dinge sind hier gesammelt worden. Und es gibt hier auch Abteilungen, in denen der Deichbau dokumentiert wird und Funde aus dem Wattenmeer gezeigt werden. Buurnstraat 48, 25938 Oevenum/Föhr. Tel. (04681) 2673 nach 20.00 Uhr. Täglich 14.30–17 Uhr.

Pellworm, Inselmuseum
Das reetgedeckte Friesenhaus beherbergt ein Inselmuseum, das die Geschichte und besondere Kultur der Insel veranschaulicht. Es erzählt auch die dramatischen Geschichten von Deichen, Warften und Sturmfluten. Uthlandstraße 2, 25849 Pellworm. Tel. (04844) 18935. Winter: Mo–Do 8–12 Uhr und 14–16 Uhr, Fr 8–12 Uhr. Sommer: Mo–Do 8–12 Uhr und 14–18 Uhr, Fr 8–12 Uhr.

Ripen, Altes Rathaus
Ältestes existierendes Rathaus in Dänemark. Kleines Museum mit Richtschwert u. a. Von Støckens Plads, DK-6760 Ribe. Tel. (0045) 7688 1122. Mai: Mo-Fr 13–15 Uhr. Juni–Aug.: 13–15 Uhr.

Ripen, Dom
Mit dem Bau des Domes wurde zwischen 1150–1175 begonnen. Das Wahrzeichen Ripens, in der flachen Marsch- und Heidelandschaft von weither zu sehen. Öffentlich zugänglich. Weitere Informationen zu den Öffnungszeiten über das Ribe Turistbureau oder im Internet unter www.ribetourist.dk.

Ripen, Kunstmuseum
Sammlung mit Werken der größten Maler des „Goldenen Zeitalters" in Dänemark, darunter Bilder mit Motiven von Ripen. Wechselausstellungen älterer und moderner Kunst.
Sct. Nikolai Gade 10, DK-6760 Ribe. Tel. (0045) 7542 0362. Jan. geschlossen. 15. Juni–Aug.: 11–17 Uhr. Sept.–14. Juni: Di–Sa 13–16 Uhr, So 11–16 Uhr, Mo geschlossen.

Ripen, Legetøjsmuseum
Spielzeugmuseum mit Tausenden von Spielsachen aus dem Zeitraum 1850–1980. Von Støckens Plads 2, DK-6760 Ribe. Jan.–März: 13–16 Uhr, Sa geschlossen. Apr.–Mai: 13–17 Uhr. Jun.-Aug.: 10–12 Uhr und 13–17 Uhr. Sept.–Okt.: 13–17 Uhr. Nov.–Dez. 13–16 Uhr, Sa geschlossen.

Ripen, Quedens Gaard
In dem schönen, alten Großkaufmannshof von 1580 ist ein Museum zum Thema Handel und Handwerk im 19. und 20. Jahrhundert eingerichtet. Overdammen 10, DK-6760 Ribe. Tel. (0045) 7688 1122. März–Mai: 11–15 Uhr, Mo geschlossen. Juni–Aug.: 10–17 Uhr. Sept.–Okt.: 11–15 Uhr, Mo geschlossen. Nov.–Feb.: 11–13 Uhr, Mo geschlossen.

Ripen, Vikinger
Das Museum beherbergt Funde aus der Geschichte Ripens von 700 bis 1700. Rekonstruktion einer Stadtansicht von Ripen an einem Septembertag des Jahres 1500. Außerdem „Odins Øje", ein Multimedia-Raum. Odins Plads 1, DK-6760 Ribe. Tel. (0045) 7688 1166. Apr.–Juni: 10–16 Uhr. Juli–Aug.: 10–18 Uhr (Mi 10–21 Uhr). Sept.–Okt.: 10–16 Uhr. Nov.–März: 10–16 Uhr (Mo geschlossen).

Ripen, Vikingecenter
Ein arbeitendes Museum, das sich fortwährend mit der Rekonstruktion von Anlagen aus der Wikingerzeit in der Region Ripen beschäftigt. Lustrupvej 4, DK-6760 Ribe. Tel. (0045) 7541 1611. Mai–Juni: 11–16 Uhr (Sa–So geschlossen). Juli–Aug.: 11–16.30 Uhr. Sept.: 11–16 Uhr (Sa–So geschlossen). In den Herbstferien an Werktagen: 11–16 Uhr.

Ripen, Wattenmeercenter/ Vadehavscentret
Die Natur des Wattenmeers und die Kulturlandschaft der Marsch. Ausstellungen über Gezeiten, Deiche, Lebewesen auf dem Meeresboden u. a. Touren durch die Natur mit Führung und andere Aktivitäten. Okholmvej 5, Vester Vedsted, DK-6760 Ribe. Tel. (0045) 75446161. Dez.–Jan. geschlossen. Feb.–März: 10–15 Uhr, an Wochenenden und Feiertagen 10–16 Uhr. Apr.–Okt.: 10–17 Uhr. Nov.: 10–15 Uhr, an Wochenenden und Feiertagen 10–16 Uhr.

Röm, Kommandørgården
Die Kommandeure waren Kapitäne auf den Walfangschiffen, denen die Region eine Zeit lang einen gewissen Wohlstand verdankte. Der Kommandørgården (Kapitänshof) auf Röm stammt aus dem Jahre 1748 und zeigt, wie wohlhabende Seeleute im 16. und 17. Jahrhundert lebten. Zu besichtigen sind hier u. a. reich bemalte Vertäfelungen und holländische Fliesen an den Wänden. Juvrevej 60, DK-Rømø. Tel. (0045) 74755276. Mai–Sept.: Di–So 10–18 Uhr. Okt.: Di–So 10–15 Uhr.

Scherrebek, Hjemsted Oldtidspark
Steinzeit-Museum und Aktivitätenpark. Hjemstedvej 60, DK-6780 Skærbæk. Tel. (0045) 74750 800. Feb.–Apr. und Sept.–22. Dez.: Di–So 10–17 Uhr. Mai–Juni: tägl. 10–17 Uhr. Juli–Aug.: tägl. 10–19 Uhr. 23. Dez.–Jan. geschlossen.

Scherrebek, Museum
Großkaufmannshof aus dem Jahr 1909. Beleuchtet wird der Alltag in Landwirtschaft und Handwerk sowie in der Arbeit der Frauen von 1800 bis 1950. Der Schwerpunkt liegt dabei auf der deutschen Zeit 1864–1920. Frühgeschichte, Walfang, Silbersammlung, Ripen-Stuben mit Fliesen und Möbeln. Storegade 47, DK-6780 Skærbæk. Tel. (0045) 74752052. Juni-Okt.: Mo–Fr, erstes Wochenende im Monat 10–17 Uhr.

Schwesing, KZ-Gedenkstätte
Hier gibt es mehrere Stätten, an denen man der Opfer des Zweiten Weltkriegs gedenkt, wohlgemerkt den Opfern, die elend in den Konzentrationslagern umkamen. Diese Gedenkstätte ist den Opfern eines Arbeitskommandos gewidmet, das von Neuengamme bei Hamburg versetzt worden war. 25813 Schwesing bei Husum. Tel. (04841) 64778. Frei zugänglich.

Seebüll, Nolde Museum
Der Maler Emil Nolde (1887–1956) ließ nach eigenen Entwürfen ein recht originelles Anwesen bauen, mit einem Atelier in einem großen, schönen Garten. Heute ist das Haus Sitz der Nolde-Stiftung, die das künstlerische Erbe Noldes verwaltet. Hier sind Noldes Ölgemälde, Aquarelle, Grafiken usw. zu sehen. Stiftung Seebüll, Ada und Emil Nolde, 25927 Neukirchen. Tel. (04664) 364. März–Okt.: tägl. 10–18 Uhr. Nov.: tägl. 10–17 Uhr.

St. Peter-Ording, Eiderstedter Heimatmuseum
In diesem Heimatmuseum am Rande von Eiderstedt finden sich u. a. Zeugnisse von den bäuerlichen Lebensverhältnissen im 18. Jahrhundert. Haus Jensen, Olsdorfer Straße 6, 25826 St. Peter-Ording. Tel. (04863) 1226.

Tetenbüll, Haus Peters
Haubarg mit einer Sammlung von Küchengeräten; darüber hinaus Wechselausstellungen. Dörpstraat 16, 25882 Tetenbüll. Tel. (04862) 681. März–Dez. Di–So 14–18 Uhr.

Tönning, Multimar Wattforum
Das neue Wattenforum lässt das Wattenmeer erleben. Ein modernes Museum, das Verständnis für die größeren Zusammenhänge in diesem Gebiet besonderer Prägung vermittelt. Am Robbenberg, 25832 Tönning. Tel. (04861) 96200. Mai–Sept.: 9–19 Uhr. Okt.–April: 10–16 Uhr.

Tönning, Packhaus
Eine Gesamtdarstellung der Geschichte Tönnings. Am Hafen, Herrengraben 1, 25832 Tönning. Tel. (04861) 7650. Mai–Sept.: Di–So 14.30–17.30 Uhr.

Tondern, Apothekermuseum
Ausstellung von Arzneimitteln, Zubehör und alten Apothekertöpfen. Østergade 1, DK-6270 Tønder. Tel. (0045) 7472 5111. Tägl. 9.30–17.30 Uhr.

Tondern, Drøhses Hus
Bürgerhaus von 1672 mit Ausstellung von geklöppelten Spitzen und Handwerksausstellungen. Storegade 14, DK-6270 Tønder. Tel. (0045) 7472 4990. Mo–Fr 10–17 Uhr, Sa 10–14 Uhr, am ersten Samstag im Monat 10–16 Uhr.

Tondern, Museum
Einzigartige Sammlungen von Kunsthandwerk, darunter Silber, geklöppelte Spitzen, Fliesen, Fayencen und Möbel. Kongevej 55, DK-6270 Tønder. Tel. (0045) 74722657. Mai-Okt.: Di–So 10–17 Uhr, Nov.–Apr.: Di–So 13–17 Uhr.

Tondern, Sønderjyllands Kunstmuseum
Dänische Kunst des 20. Jahrhunderts mit Schwerpunkt Surrealismus und konkrete Kunst. Stühle von Hans J. Wegener. Hervorragende Aussicht von der Spitze des alten Wasserturms. Kongevej 55, DK-6270 Tønder. Tel. 7472 2657. Mai–Okt.: Di–So 10–17 Uhr. Nov.–Apr.: Di–So 13–17 Uhr.

Tondern, Zeppelinmuseum
Deutscher Marineluftschiff-Stützpunkt 1914-20. Tondern war Standort der grössten militärischen Luftschiffanlage in Nordeuropa. Gasværksvej 1, DK-6270 Tønder. Tel. (0045) 74727254. Apr.–Nov.: Sa–So 12–17 Uhr.

Tvismark, Tønnisgård Naturcenter
Ausstellungen über Natur und Kultur von Röm, Vorträge, Touren mit Führer. Havnebyvej 30, Tvismark, DK-6297 Rømø. Tel. (0045) 74755257. März–Okt. und Dez. tägl. 10–16 Uhr. Das übrige Jahr: Di, Mi, Do, So 10-16 Uhr.

Wenningstedt, Großsteingrab Denghoog
Großsteingrab aus der jüngeren Steinzeit. Am Denghoog, 25996 Wenningstedt/Sylt. Tel. (04651) 32805. Apr.–Sept.: Mo–Sa 10–16.30 Uhr.

Witzwort, Roter Haubarg
Dieses prächtige Bauwerk verkörpert als mächtiges Wahrzeichen den Gebäudetyp, wie er auf der Halbinsel Eiderstedt verbreitet war. Eiderstedter Heimatmuseum, 25889 Witzwort. Tel. (04864) 845.

Wyk, Haeberlin-Friesen-Museum
Die imponierende Sammlung des Arztes Dr. Carl Haeberlin – Geologie, Fauna und Flora des Wattenmeers und der Insel Föhr. Rebbelstieg 34, 25938 Wyk/Föhr. Tel. (04681) 2571. März–Okt.: Di–So 10–17 Uhr. Nov.–Feb.: Di–So 14–17 Uhr.

STÄDTE UND REGIONEN

Amrum
Deutsche Insel, 30 km², ca. 2400 Einwohner. 10 km² Strand. Fährverbindung von Dagebüll über Wyk auf Föhr. Gute Sand- und Dünenstrände.

Ballum
Dorf am Geestrand am Rande der Marsch südöstlich des Röm-Damms.

Brede Au/Bredeå
Auslauf der Ballum Schleuse. Zur Zeit Nordeuropas größtes Süßwasser-Naturerneuerungsprojekt.

Bredstedt
Lang gestreckte Ortschaft an der Westküste nördlich von Husum. Zentrum für friesische Kultur.

Dagebüll
Hafen an der deutschen Wattenmeerküste. Von hier aus gehen Fähren nach Amrum, Föhr und zu den Halligen.

Dithmarschen
Bezeichnung für einen Landstrich, der südlich von der in diesem Buch beschriebenen Region liegt. Es werden jedoch einige Abstecher dorthin erwähnt. Das Land zwischen Eider und Elbe.

Eider
180 km langer deutscher Fluss, dessen Verlauf teilweise die Grenze zwischen Schleswig und Holstein bildet. Mündet südlich der Halbinsel Eiderstedt in das Wattenmeer. Bis 1864 Grenzfluss zwischen Dänemark und Deutschland.

Eidersperrwerk
Gewaltige Staudamm- und Schleusenanlage an der Eidermündung.

Eiderstedt
Halbinsel im Süden von Husum, nördlich der Eidermündung. Üppige Landschaft mit großen Gehöften. Hauptstadt ist Tönning.

Friedrichstadt
Gegründet 1621 und bekannt als früherer Zufluchtsort für verschiedene religiöse Richtungen. Schönes Holländerstädtchen mit vielen alten Häusern, Kirchen und idyllischen Kanälen.

Friesische Inseln
Die Inseln im Wattenmeer, von Röm bis Eiderstedt.

Friesland
Der Lebenraum der Friesen entlang der Wattenmeerküste. Das Gebiet besteht aus den Regionen Westfriesland, Ostfriesland und Nordfriesland.

Föhr
Deutsche Wattenmeerinsel. 82 km², höchster Punkt 13,2 Meter über dem Meer. Große Sandstrände. Rund 12000 Einwohner. Die größte Stadt ist Wyk. Mehrere hübsche Dörfer und Städte. Mit der Fähre von Dagebüll erreichbar.

Gröde
Hallig; Deutschlands kleinste Gemeinde mit 17 Einwohnern und einer Fläche von ca. 259 Hektar.

Habel
Deutschlands kleinste Hallig. Unbewohnt, Fläche ca. 3 Hektar.

Hamburger Hallig
Keine Hallig im eigentlichen Sinn; unbewohnt und mit dem Festland durch einen Damm verbunden. Seit 1930 Vogelschutzgebiet.

Hooge, Hallig
Die vielleicht schönste der deutschen Halligen. Rund 570 Hektar, ca. 190 Einwohner.

Husum
Hauptstadt des Kreises Nordfriesland. Größte und wichtigste Stadt in der südschleswigschen Marschregion. Etwa 21500 Einwohner. Die Stadt liegt auf der Grenze zwischen Geest und Marsch.

Hoyer/Højer
Flecken auf der dänischen Seite der Westküste. Rund 1500 Einwohner.

Jordsand
Früher Dänemarks letzte und einzige Hallig. Versunken im Herbst 1999.

Knudedyb
Die Tiefe zwischen Fanø und Mandø. Größte Tiefe ca. 15 m.

Königsau/Kongeå
Dänischer Fluss, der bei der Königsau-Schleuse in das Wattenmeer mündet. Altes Grenzgewässer; 65 km.

Koresand
Sandbank südwestlich von Mandø.

Langeness
Mit ca. 1.000 Hektar die größte der deutschen Halligen, auf der etwa 100 Menschen leben.

Lister Tief/Listerdyb
Gewässer zwischen Sylt und Röm. Größte Tiefe ca. 42 m.

Mandø
Dänische Wattenmeerinsel mit einer Fläche von 700 Hektar und etwa 65 Einwohnern.

Misthusum
Verschwundenes Dorf. Die Warften befinden sich westlich von Scherrebek.

Norderoog, Hallig
9 Hektar unbewohntes Vogelschutzgebiet.

Nordfriesland
Küstenregion zwischen Eidermündung und Ho Bucht. Die friesische Kultur reicht nach Norden vermutlich nicht weiter als bis zur Linie Hoyer-Ripen.

Nordstrand
Früher eine deutsche Insel, die um ein Vielfaches größer war als die heutigen 48 km².
Die Sturmflut des Jahres 1634 führte zu dramatischen Veränderungen in diesem Gebiet. Rund 2200 Einwohner. Heute durch einen Damm mit dem Festland verbunden.

Nordstrandischmoor
Hallig, 175 Hektar, ca. 27 Einwohner.

Oland
Hallig, ca. 100 Hektar und 45 Einwohner.

Pellworm
Reste der ehemaligen Halbinsel, zu der auch Nordstrand und Nordstrandischmoor gehörten. Rund 37 km². Die 1725 Einwohner sind durch einen 25 km langen Meeresdeich geschützt. Charakteristische Kirchenruine.

Ripen/Ribe
Dänemarks (Nordeuropas) älteste Stadt, ca. 9000 Einwohner.

Ripen Au/Ribe Å
Der begradigte Wasserlauf findet seinen Weg ins Wattenmeer durch die Kammerschleuse.

Röm/Rømø
Dänische Wattenmeerinsel. Fläche ca. 100 km², 800 Einwohner.

Roter Haubarg
Gut 300 Jahre alter Friesenhof, ein Haubarg. Heute ein Restaurant.

Ruttebüll/Rudbøl
Dorf in der Marsch, durch das die dänisch-deutsche Grenze verläuft.

Schlüttsiel
Lecker Au und Bongsieler Kanal münden durch die Schleuse Schlüttsiel ins Wattenmeer. Fährverbindungen zu den Halligen und nach Amrum.

Sylt
Die größte der deutschen Wattenmeerinseln. Touristeninsel. 93 km², 25 000 Einwohner. Fährverbindung von Havneby auf Röm. Durch einen Eisenbahndamm mit dem Festland verbunden. Mehrmals am Tag verkehrt ein Autoreisezug.

Strand
Früher eine Halbinsel im Norden und Westen von Eiderstedt, die – besonders als Folge der Sturmflut von 1634 – zerstört und zersplittert wurde. Nordstrand und Pellworm sind Reste der einstigen Halbinsel Strand.

Süderoog
Unbewohnte Hallig mit einer Fläche von 62 Hektar. Heute Vogelschutzgebiet.

Südfall
Unbewohnte Hallig mit einer Fläche von 57 Hektar.

Tondern/Tønder
Dänische Kleinstadt, die „Königin der Marsch". Bis zur Eindeichung der Tonderner Marsch war Tondern Hafenstadt. Rund 8000 Einwohner.

Tönning
Fischerort an der Eider mit ca. 4000 Einwohnern.

Wiedau/Vidå
Nordschleswigs größter Wasserlauf, der südlich von Hoyer ins Wattenmeer mündet.

Wyk
Hauptstadt der Insel Föhr.

DEUTSCH-DÄNISCHES VERZEICHNIS DER VOGEL- UND PFLANZENNAMEN

Vögel

Alpenstrandläufer	Ryle
Austernfischer	Strandskade
Bekkasine	Dobbelt-bekkasin
Blässgans	Blisgås
Blässralle	Blishøne
Brandgans	Gravand
Brandseeschwalbe	Splitterne
Dunkler Wasserläufer	Sortklire
Eiderente	Ederfugl
Fischadler	Fiskeørn
Graugans	Grågås
Graureiher	Fiskehejre
Große Rohrdommel	Rørdrum
Großer Brachvogel	Stor regn-spove
Grünschenkel	Hvidklire
Gänsesäger	Stor skallesluger
Haubentaucher	Toppet lappedykker
Heringsmöwe	Sildemåge
Hänfling	Tornirisk
Höckerschwan	Knopsvane
Kampfläufer	Brushane
Kiebitz	Vibe
Kiebitzregenpfeifer	Strandhjejle
Knäckente	Atlingand
Kolbenente	Rødhovedet and
Kormoran	Skarv
Krickente	Krikand
Küstenseeschwalbe	Havterne
Lachmöwe	Hættemåge
Löffelente	Skeand
Mittelsäger	Toppet skallesluger
Nonnengans	Bramgås
Ohrenlerche	Bjerglærke
Pfeifente	Pibeand
Pfuhlschnepfe	Lille kobbersneppe
Reiherente	Troldand
Ringelgans	Knortegås
Rohrweihe	Rørhøg
Rothalstaucher	Gråstrubet lappedykker
Rotschenkel	Rødben
Sandregenpfeifer	Stor præste-krave
Schnatterente	Knarand
Seeregenpfeiffer	Hvidbrystet præstekrave
Silbermöwe	Sølvmåge
Singschwan	Sangsvane
Spießente	Spidsand
Star	Stær
Steinwälzer	Stenvender
Stockente	Gråand
Sturmmöwe	Stormmåge
Säbelschnäbler	Klyde
Tafelente	Taffeland
Teichralle	Grønbenet rørhøne
Trauerente	Fløjlsand
Trauerseeschwalbe	Sortterne
Turmfalke	Tårnfalk
Uferschnepfe	Stor kobbersneppe
Zwergschwan	Pibesvane
Zwergseeschwalbe	Dværgterne
Zwergtaucher	Lille lappedykker

Pflanzen

Unterteilt in Pflanzenfamilien auf Salzgraswiesen (Marschwiesen)

Die Queller-Zone:

Gemeiner Queller	Kveller
Salz-Schlickgras	Vadegræs – Spartina
Strandsode	Strandgåsefod

Die Andelgras-Zone:

Andelgras	Annelgræs
Gewöhnliche	

Grasnelke	Engelsk græs
Krähenfuß-Wegerich	Fliget vejbred
Rotschwingel	Rødsvingel
Salzbinse	Harril
Salz-Melde	Stilkløs kile-bæger
Salzschuppenmiere	Kødet hindeknæ
Spießmelde	Spydmælde
Strandaster	Strandasters
Strandbeifuß	Strandmalurt
Stranddreizack	Strandtrehage
Strandflieder	Tætblomstret hindebæger
Strandmelde	Strandmælde
Strandmilchkraut	Sandkryb

Oberste Salzgraswiesen-Zone (Marschwiesen-Zone)

Erdbeerklee	Jordbærkløver
Gänsefingerkraut	Gåsepotentil
Strandquecke	Strandkvik
Strandwegerich	Strandvejbred

INTERNET-ADRESSEN

Die meisten Internet-Seiten enthalten einen Ortsnamen oder eine Bezeichnung, aus denen hervorgeht, worauf die Adressen verweisen. Viele Homepages bieten eine Reihe von Links zu anderen relevanten Stellen im Internet, wobei die Entwicklung rasch voranschreitet.

cwss.www.de *Common Wadden Sea Secretariat*
www.mando.dk
www.abc-sylt.de
www.city-map.de
www.eiderstedt.net
www.foehr.de
www.foehr.net
www.helgoland.de
www.hjemsted.dk *Hjemstedt Oldtidspark*
home12.inet.tele.dk/blaavnat
www.hoejer.dk
www.husum.de
www.kueste.de
www.nordsee.org.
www.st.peter-ording.de
www.pellworm.de
www.ribeamt.dk
www.ribetourist.dk
www.romo.dk
www.romo-sylt.dk *Röm-Sylt Linien*
www.sej.dk
www.sh-nordsee.de *Nordseeküste Schleswig-Holstein*
www.sh-nordsee.de/nationalpark *Über den deutschen Teil des Wattenmeeres*
www.sht.de/eiderstedt
www.sja.dk *Sønderjyllands Amt*
www.tdr-turist.dk *Tondern Touristbüro*
www.tgv.dk *Ferien in Westjütland*
www.loegumkloster.dk
www.tonder-net.dk *Tondern*
www.turist.dt.dk
www.vadehavscentret.dk
www.verlagsgruppe.de *Husumer Monatshefte*
www.ribevikingecenter.dk
www.wdr-wyk.de *Wyker Dampfschiffs-Reederei. Hier Kartenreservierung für die Fahrt zu den Halligen sowie nach Amrum, Föhr, Sylt und Helgoland.*

FREMDENVERKEHRSBÜROS

Dänemark

Gram, Østergade 10, DK-6510 Gram, Tel. (0045) 7482 0111

Højer, Møllegade 12, DK-6280 Højer, Tel. (0045) 7478 2993

Løgumkloster, Østergade 13, DK-6240 Løgumkloster, Tel. (0045) 7474 4165

Ribe, Torvet 3–5, DK-6760 Ribe, Tel. (0045) 7442 1500

Rømø, Havnebyvej 30, Tvismark, DK-6792 Romø, Tel. (0045) 7475 5130

Skærbæk, Jernbanegade 16, DK-6780 Skærbæk, Tel. (0045) 7475 1125

Tønder, Torvet 1, DK-6270 Tønder, Tel. (0045) 7472 1220

Deutschland

Fremdenverkehrsverein (FVV) Amt Süderlügum, Hauptstr. 7, 25923 Süderügum, tlf. (+49)(0)4663/7555

FVV Bredstedt, Rathaus, 25821 Bredstedt, tlf. (+49) (0)4671/5857

Fremdenverkehrsgemeinschaft Südtondern e.V., Am Badedeich 1, 25899 Dagebüll, tlf. (+49)(0)4667/95000

FVV Eiderstedt, Am Markt 26, 25836 Garding, tlf. (+49)(0)4862/469
Tourist Information Friedrichstadt, Am Markt 9, 25840 Friedrichstadt, tlf. (+49)(0)4881/19433

FVV Hallig Hooge, 25859 Hooge, tlf. (+49)(0)4849/255

Fremdenverkehrsbüro Schobüll und Husumer Bucht, Nordseestr. 35, 25875 Schobüll, tlf. (+49)(0)4841/4920

Tourist-Information Husum, Großstr. 27, 25813 Husum, tlf. (+49)(0)4841/89870

Fremdenverkehrsbüro Langeness, 25863 Langeness, tlf. (+49)(0)4684/217

Fremdenverkehrsgemeinschaft Südtondern e.V., Rathausplatz, 25899 Niebüll, tlf. (+49)(0)4661/941013

Kurverwaltung Nordstrand, Schulweg 4, 25845 Nordstrand, tlf. (+49) (0)4842/454

Kurverwaltung Pellworm, Zimmervermittlung, 25849 Pellworm,

tlf. (+49)(0)4844/18940

Kurverwaltung List/Sylt, Am Brünk 1, 25992 List, tlf. (+49) (0)4651/95200

Tourismus-Service Westerland/Sylt, 25890 Westerland; tlf. (+49)(0)4651/9980

Tourismus- und Freizeitbetriebe der Stadt Tönning, Am Markt, 25832 Tönning, tlf. (+49)(0) 4861/61420

Fremdenverkehrsverein Wiedingharde e.V., Dorfstr. 13, 25924 Emmelsbüll-Horsbüll, tlf. (+49)(0)4665/776

FACHBEGRIFFE

Akt. Abfallender Weg vom Deich zum Koog.

Blanker Hans. Nordsee.

Deich. Schutzwall entlang des Meeres. Flussdeiche verhindern, dass Rückstauwasser das Land hinter den Deichen überschwemmt, wenn die Schleusen bei Sturmflut geschlossen sind.

Deichgenossenschaft. Verband der Besitzer der Marsch hinter dem Deich. Eigentümer des Deiches und verpflichtet, diesen instand zu halten.

NN. Normal Null, durchschnittliche Höhe der Meeresoberfläche.

Deichgraf. Vorsitzender der Deichgenossenschaft.

Deichkrone. Spitze des Deiches.

Deichtor (Stöpe). Stellen, wo Wege die Zwischendeiche durchschneiden. Werden bei Sturmflut mit soliden Holzpalisaden und Sandsäcken gesichert, zum zusätzlichen Schutz, falls der Seedeich nicht standhalten sollte.

Demat. In der Marsch gebräuchliches Flächenmaß. Etwa ein Morgen Land.

Ebbe. Zeitraum, in dem das Meer im Gezeitenwechsel von Tidehochwasser in Niedrigwasser übergeht.

Ebbeweg. Weg über das Watt auf dem Meeresboden. Ebbewege gibt es z. B. zwischen Föhr und Amrum, zwischen Dagebüll und Oland und zwischen dem Festland und der Insel Mandø.

Faschine. Reisigbündel, die zum Bau von Faschinenzäunen oder zur Sicherung von Deichen an exponierten Stellen verwendet werden.

Faschinenzaun. Zwei Reihen von Pfählen, deren Zwischenräume mit Faschinen gefüllt sind. Dient der Landgewinnung und dem Küstenschutz.

Fething. Süßwasserteich auf einer Warft zur Versorgung der Tiere mit Trinkwasser.

Fenne. Ungepflügtes Grasfeld, umgeben von Gräben.

Flut. Zeitraum, in dem das Meer im Gezeitenwechsel von Niedrigwasser in Tidehochwasser übergeht.

Geest. Höher gelegenes Land aus der Eiszeit, das an die Marsch grenzt. Die Geest und der Geestrand sind meist dicht bebaut, eine Art natürliche Warft.

Grübbeln. Aushebung von Gräben im Watt zur Förderung der Bildung von Marsch. Die Gräben leiten das Wasser bei Ebbe schneller ab.

Hallig. Wattenmeerinsel ohne Deiche – oder nur mit Sommerdeichen.

Haubarg. Ein ganz besonderer Gehöft-Typ, kommt insbesondere auf Eiderstedt vor.

Hochwasser. Höchster Wasserstand.

Hügelinseln. Hügel, die in der vorletzten Eiszeit entstanden und sich aus den umliegenden Heideebenen hervorheben.

Kapitäne. Seeleute von den nordfriesischen Inseln, u. a. von Röm, die oft als Kapitäne auf holländischen Schiffen fuhren.

Kapitänssteine. Oft setzten sich die Kapitäne selbst große Grabsteine, die von ihnen und ihrem Leben erzählen. Der Stein wurde in Holland gekauft, mit nach Hause genommen, verziert und mit dem Todesdatum des Kapitäns und eventuell dem seiner Frau versehen. In vielen Fällen berichten die Steine von großen Fahrten und vom Walfang vor Grönland. Die Steine finden sich insbesondere auf Sylt, Amrum, Föhr und Röm.

Katastrophenweg. Weg, der zu den Deichen führt und direkt hinter diesen verläuft; für den Transport von Gerät und Material bei Deichschäden.

Klei. Der fette, lehmige Boden des Wattenmeers. Bildet sich im Watt und in der Marsch.

Koog. Eingedeichtes Marschland (in Holland Polder genannt).

Land unter. Wenn das Meer die Halligen überschwemmt hat, sodass nur noch die Warften aus dem Wasser ragen.

Lauf. Schmalere Verlängerung einer Tiefe zum Land zu.

Lahnung/Låning. Flacher Damm. Zwei Faschinenzäune mit Steinen und/oder Schlick dazwischen.

Mandränke, De Grote. Sturmflutkatastrophe im Jahre 1362, bei der an die 100 000 Menschen umgekommen sein sollen.

Markmann. Marschhirte – siehe auch Markmannspfad und Haus des Markmanns.

Marsch. Stark lehmhaltiges, fruchtbares Land, das nach der letzten Eiszeit (auf natürliche Weise oder durch Menschenhand) vom Meer gebildet wurde. Die Marsch unterscheidet sich vom Watt durch Pflanzendecke, Höhenniveau und Bodenbeschaffenheit.

MHW. Mittleres Hochwasser.

MNW. Mittleres Niedrigwasser.

Niedrigwasser. Niedrigster Wasserstand, setzt ca. 6 Stunden und 25 Minuten nach dem Tidehochwasser ein.

Nippflut. Niedrigwasser ca. 25 cm unter **MNW.** Tritt auf, wenn die die Gezeiten bestimmenden Kräfte des Mondes und der Sonne gegeneinander wirken.

Parabeldüne. Düne, die über eine längere Strecke gewandert ist und lange Dünenwälle, so genannte „Rimmen", hinterlassen hat. Der vorderste Teil der Düne hat die Form einer Parabel.

Pesel. Die gute Stube (gut eingerichtetes Zimmer).

Priel. Wasserlauf im Watt, bei Ebbe zum Teil trocken. Durch die Priele verteilt sich das steigende und fallende Wasser der Gezeiten; die größten Priele heißen Tiefen.

Queller. Zusammen mit Spartina eine der ersten Pflanzen auf höher gelegenen Wattgebieten.

Rückstauwasser. Wasser in Flüssen und anderen Wasserläufen hinter dem Deich.

Sand. Flaches Sandgebiet, dessen Niveau über normalem Tidehochwasser liegt. Kann mächtige Ausmaße erreichen, wie z. B. auf Röm.

Schleuse. Der Weg der Flüsse durch die Deiche zum Meer wird durch Schleusen reguliert, die abhängig vom Wasserpegel des Meeres geöffnet oder geschlossen werden können.

Schlick. Feiner Lehm, der sich auf hoch gelegenen Wattgebieten ablagert. Enthält auch Reste abgestorbener Pflanzen und Tiere. Der Prozess der Ablagerung wird Verschlickung genannt.

Schlickhöfe. Auch Faschinenhöfe genannt. Oft quadratisch mit Seitenlängen von ca. 400 m. Gebaut, um die Bewegung des Wassers zu dämpfen und dadurch Ablagerungen und Bildung von Marsch zu beschleunigen.

Siel. Breiter Graben zur Entwässerung der Marsch.

Sommerdeich. Flacher Deich, der nur Schutz bietet gegen Tidehochwasser leicht über MHW. Schützte die Heuernte vor dem im Sommer normalerweise gemäßigt ansteigenden Wasser.

Spartina. Auch Schlickgras. Eine der ersten Pflanzen auf höher gelegenem Watt.

Spatenlandrecht. Das Land gehört dem, der es eindeicht und der die Deiche instandhält. Das Spatenlandrecht wird mit dem dänischen König Christian III. in Verbindung gebracht. Ein in den Deich gerammter Spaten bedeutete, dass der Besitzer aufgegeben hatte und neue Kräfte die Arbeit übernehmen durften.

Springflut. Gegenteil von Nippflut. Springflut entsteht, wenn die Kräfte der

Sonne und des Mondes zusammenwirken. Etwa 25 cm über MHW.

Springstock. Auch Klotstock. Langer Holzstock; wurde und wird noch von den Marschbauern zum Überspringen der Gräben in der Marsch verwendet.

Sturmflut. Großes Hochwasser. Tritt auf in Verbindung mit Sturm/Orkan und Aufstauung des Wassers in der Nordsee.

Tiefe. Von Schiffen befahrbare Rinne (Meerestiefe) im Wattenmeer (z. B. Lister Tief/Listerdyb, Grådyb, Juvrer Tief/ Juvredyb, Knudedyb).

Wehle. Durch eingedrungenes Wasser entstandenes Loch bei Deichbrüchen. Die Kraft des Wassers höhlt den Bereich unmittelbar hinter der Bruchstelle aus und bildet ein tiefes Loch bzw. einen kleinen See. Beim Wiederaufbau des Deichs macht man ein Bogen um die Wehle, da deren Auffüllung zu beschwerlich ist. Wehlen zeugen von Deichbrüchen.

Verschlickung. Ablagerung von Schlickschichten. Lässt sich durch den Bau von Faschinen beschleunigen.

Vogelkoje. Ausgeklügelt eingerichteter, künstlicher Weiher zum Fang insbesondere von Entenvögeln. In guten Vogelkojen konnten pro Jahr rund 10000 Enten gefangen werden, die dann ihr Leben lassen mussten. Vogelkojen kennt man von Föhr, Amrum und Sylt. In Dänemark gibt es noch eine Vogelkoje auf der Insel Fanø.

Vorland. Das neue Land, das sich vor den Deichen, d. h. zwischen den Deichen und dem Watt, bildet.

Vorlandufer. Ein flaches Ufer, das die Grenze zwischen Marsch und Watt bildet.

Warft, Warf. Von Menschenhand geschaffene Bodenerhebung in der Marsch, um sich davor zu schützen, dass bei üblichen Sturmfluten die Häuser überschwemmt werden.

Watt. Gebiet, das bei Tidehochwasser vom Meer bedeckt ist und bei Niedrigwasser trocken liegt.

Wellenüberschlag. Wenn bei Sturmflut die Wellen so hoch sind, dass sie über den Deich hinwegschlagen. Kann bei alten, steilen Deichen den Deich von hinten erodieren.

Zwischendeich. Deich hinter dem vordersten Deich, auch „Schlafdeich" genannt, weil man sich dahinter sicher fühlt.

TT Grafik

N
0
5
10 km
ESBJERG
Tjærebor
Nordby
Store Darum
FANØ
Sønderho
MANDØ
VESTERHAVET
Juvre
RØMØ
Bal
Havneby
List
Süderheidetal
Kampen
SYLT
Westerland
Keitum
Tinnum
Morsum
Kla